知識產能 × 自我定位 × 向上管理 × 日常習慣，
11 個隱形支點 +11 個槓桿技巧，不用舉起地球，只要舉起你整個人生！

槓桿優勢
打 破 職 場 平 衡

蔣巍巍——著

LEVERAGE

堅持自我管理、培養溝通能力、控制心態平衡……恐怕阿基米德也不知道，
原來職場也可以應用槓桿的技巧！

目錄

目錄

成就事業的 11 個槓桿　下篇

前言　把追求成長當作一種習慣

三年前，我在做一家化妝品公司的企業顧問時，遇到過一個很「另類」的員工，28 歲的小吳在品管員的職位上已經工作了 5 年。可能是怕「言多必失」，他沉默寡言，習慣一個人完成工作，見到主管也會刻意避讓，公司大小活動能躲則躲，躲不掉的就請假，請不了假就選擇一個人待在角落。時間一長，沒有人願意主動找他聊天，當然，晉升加薪等也與他無關。

有一天，正巧有一個機會，我和小吳分析了他的性格問題，他說：「剛到公司的時候還滿喜歡和大家交流的，可是由於工作性質的關係，同事們都不太願意與我交流，久而久之也就害怕與其他人溝通，只想把工作做好就可以了，誰知 5 年過去，失去了很多升職加薪的機會，現在歲數大了，這樣的性格不但影響了事業，而且還影響了婚姻大事……」小吳內心憂鬱了很久，他意識到這種「獨來獨往」的職場習慣給他帶來的是百害而無一利，希望我為他「指條明路」。

小吳的狀態算是一種典型的職場社交焦慮。在職場中，由於性格比較內向，再加上工作性質、環境、壓力等原因產生溝通或職場社交障礙，這類現象是兩種原因引起的，一種是主動行為避讓，還有一種就是社交焦慮。一定的行為避讓是自我保護的一種表現，但如果過度防禦就會阻礙社交發展。若是社交焦慮，主要源於對自身的缺乏自信或憂鬱情緒。

　　我決定幫助小吳改掉「獨來獨往」的職場習慣，建議他從三個方面和十條實施細則入手。

　　三個方面如下：

1. 從行為上贏得自信；
2. 從心理上突破障礙；
3. 從意識上戰勝自我。

　　十條實施細則如下：

☑ 從即日起要主動和同事打招呼，並且面帶微笑，每天和 3 個以上的同事主動打招呼，堅持 3 個月以上。

☑ 每天堅持自我激勵 3 次以上，自我激勵的內容為工作目標激勵、自我性格挑戰激勵和意志力激勵。

☑ 每天穿不同顏色或款式的衣服上班。

☑ 即便硬著頭皮，也要主動參加公司或同事舉辦的各項活動。

☑ 每月至少參加兩場的座談會、聚會或社交活動。

☑ 每週堅持戶外活動兩次以上，每次活動超過 1 個小時，並且人數不能少於 4 個人。

☑ 每月要主動在公開場合或會議上，面對公眾或同事講話 2 次，時間不少於 5 分鐘。

☑ 每週主動請同事吃一次飯，或者接受同事的用餐邀請，同時進行各種資訊的交流。

☑ 每週主動向主管彙報自己的工作想法和創新的工作方法。

☑ 找到一項自己特別喜歡的運動或其他嗜好堅持 3 年。

小吳是一個特別有恆心的人，以上三個方面和十條實施細則，他始終堅持。如今三年又過去了，現在的小吳已是該公司品管部的副部長，深得老闆信任，性格變得開朗了許多，與同事的交流多了，人面廣了，也建立了自己的家庭，如今那個「獨來獨往」的小吳已經成為了過去。

可見，成長是一種有挑戰性的行動，它挑戰你的毅力和勇氣。成長更是一種具有創造性的過程體驗，很顯然這個過程是痛苦的。就像破繭成蝶，必須要克服破繭時遇到的重重困難，才能收穫幻化為蝶的喜悅。如果你無法承受破繭的痛苦，你只能在自己的繭裡用蟲的方式生活。如果你藉助別人的力量破繭，可能會減少成長的痛苦，但將來會更加痛苦。

古希臘科學家阿基米德有一句流傳很久的名言：「給我一個支點，我可以舉起整個地球！」可見，支點的作用不可小視。「富爸爸」羅伯特‧T‧清崎（Robert Toru Kiyosaki）說：「擁有槓桿的人比沒有槓桿的人占有很大優勢。」可見，擁有槓桿是優勢擁有者。支點是什麼？支點就是槓桿發生作用時用以支撐，固定不動的一點。

槓桿又是什麼？槓桿就是在力的作用下繞著支點轉動的物體。

這樣來看，支點和槓桿密不可分。如果分開使用，其作用

會大幅降低甚至失去作用。這個通俗易懂的物理學原理適用於各個領域，包括職場和人生。

　　無論職場和人生，當同時擁有了槓桿和支點的時候，你的優勢將變得無窮大。對社會而言，槓桿原理和支點理論推動了人類的進步；對經濟領域而言，見證了日新月異的繁榮；對企業而言，給予了豐厚的經營收益；對職場和人生而言，幫助你贏在職場、成就事業。

　　如果把事業比作地球，那我們可不可以把「事業」舉起來？或者說可不可以獲得事業上的成功？雖然舉起地球的「支點」不好找，但是找到成就事業的「支點」，卻從未離我們很遠。這個「支點」就是自我管理，而「槓桿」就是我們現在具備的各項能力。我想，如果將這二者合一，一樣可以舉起「事業」這個小地球。

　　要想贏在職場、成就事業，必須對自己嚴格要求，做科學化和系統化的管理。從價值觀、定位、規劃、時間、行動力、心態、習慣、情緒、聚焦力、意志力、性格等11個支點入手，不斷完善自己，並作顛覆性的改變。

　　要想贏在職場成就事業，必須快速有效地提升自身的職位勝任能力。從專業能力、管理能力、解決問題的能力、溝通能力、執行能力、團隊合作能力、向上管理能力、學習能力、信任能力、人際關係管理能力、把握機會能力等11個能力槓桿入手，塑造個人品牌，成就偉大事業。

我們生在一個瞬息萬變、競爭激烈的時代；你很努力，也很拚命，不過卻要花比前人更多的時間才能成功。因為這個社會，資源越來越少，而搶奪有限資源的人卻越來越多。這個時候你唯一可以突破的方法，就是找到自我管理的「支點」，並使用能力「槓桿」，在不斷尋找和研究卓越人士成功路徑的同時，以自我管理為中心點，以努力提升自身能力為目標，從而使自己發生徹頭徹尾的改變，進入一個良性循環的職場軌道。

　　本書專門為職場人士量身打造，是職場新人的必修課，職場菁英的常修課，職場達人的復修課，職場老闆的選修課。我會在這本書中幫助你找到贏在職場的 11 支點，舉起成就事業的 11 個槓桿，還會用四分法解析職場最佳性格模型，並告訴你獲得職場機會的 8 大途徑。每位職場人士都像一棵棵樹苗，只有靠自己，才能在有限的環境中獲得充足的養分，才能茁壯成長。

　　社會的發展日新月異，職場瞬息萬變，我們唯一不能拒絕的就是成長，不但不能拒絕，還必須要把追求成長作為一種習慣，一旦欠缺追求成長的意願，很快會被這個時代邊緣化。只有讓自己不斷成長，才能跟得上時代的腳步。

找到贏在職場的 11 個支點

上篇

導言：
贏在職場要靠自我管理作支點

能贏在職場的人，不當的行為和失敗的行動肯定不會太多；職場成功者的經驗大致相似，但失敗者的原因卻各有不同。人生的過程其實是一個成長的過程，也是一個自我管理的過程。

我發現，大多數成功者對自己都是比較狠的，大多數成功者的自我管理都非常成功。如張忠謀、傑克·威爾許（Jack Welch）、賈伯斯（Steve Jobs）、稻盛和夫、比爾蓋茲（Bill Gates）等，他們是成功進行自我管理的典範。在他們成長的過程中，展現出與普通人不同之處，就是自我管理做得非常好。

香港首富李嘉誠先生曾經說過：「想當好經理人，首要的任務是知道自我管理是一重大責任，在流動與變化萬千的世界中發現自己是誰，了解自己要成為什麼模樣是建立尊嚴的基礎。自我管理是一種靜態管理，是培養理性力量的基本功，是人把知識和經驗轉化為能力的催化劑。」

看來，自我管理是有力量的，是一個人的基本功，是自己對自己的管理，誰也幫不了你，只有你自己。自我管理還是一個不斷自我完善和自我實現的過程，是一切管理工作的基礎。

人類真正想要真正成長，一定要在把自身原有力量完全釋

放以後，才可能完成真正的自我獨立或者昇華。當然，完成自我獨立和昇華的前提是先完成自我管理，而完成自我管理是又一個自我挑戰、自我顛覆、自我約束、自我警示、自我成就的過程。

完成自我管理的過程是漫長的、挫折的、枯燥的、矛盾的，但當你完成了自我管理，真正走向了自我獨立甚至是獲得解放的時候，你便擁有你「原有的力量」，這時候的你是成長的，是幸福的、是收穫的、是驕傲的。

接下來我們要學習的就是如何完成我們的自我管理：

首先，你要準確找到你在團體中的位置，樹立你的個人「價值觀」，迅速「定位」，做好中長或短期的「規劃」，確保在實際執行中付出有效「行動」。

其次，你要管理好自己寶貴的「時間」，不斷調整自己的「心態」，讓目標和所有的行動力和資源「聚焦」，同時在實現自我價值的過程中養成良好的職業「習慣」。

最後，再用常人無法體會到的「意志力」讓自己的人生或職業生涯得到昇華。

這就是一個完整的自我管理的過程，是贏在職場的支點。

支點 01
蒼茫中點燈

價值觀決定成敗

價值觀是一個人判斷某個事物有沒有價值或價值大小的尺度和準則。對職場人士而言，職場幾乎是展現一個人價值觀的全部。價值觀的存在是一個人理性的象徵。一個人的價值觀一旦確立，便具有相對的目標性、引導性、推動性和穩定性。

但就職場而言，社會環境和職場環境不斷發生變化，一個人的價值取向和觀念難免在「被影響」的狀態下被動地發生著變化。從而，每個人初次步入職場時，價值觀也會不斷且不同程度地受到環境變化因而產生的新價值觀挑戰。

職場如戰場。雖然沒有硝煙，但一樣很殘酷；雖然沒有敵人，但周圍一直潛伏著強悍的競爭對手。弱肉強食，勝者為王，「仗」是一波一波地打，人是一波一波地換，有些人總是贏，但也有些人始終沒搞清楚自己為何輸。

職場成敗的奧妙在哪裡呢？可能取決於一個人的價值取向和發展策略；也可能取決於個人的理想和發展規劃；也有可能取決於個人的戰術實施和能力的強弱；也有可能是個人的性格、人際關係管理、運氣或者修養……

無論職場成敗的關鍵是什麼，如果你的狀態像「無頭蒼

蠅」到處亂撞，總為別人做嫁衣，讓屬於自己的時間白白流失，搞不清楚自己的規劃、搞不清楚的自己的能力、搞不清楚自己的性格、搞不清楚所有的人際關係，甚至根本就不知道自己要什麼？也不知道自己能做什麼？更不知道自己將要去做什麼……更可悲的是在職場中還辨不清競爭對手、搞不清主次，便很難構成自己的職場價值觀體系。

可見，職場中有大多數人沒能正確理解價值觀的意義，也就沒有讓個人價值觀發揮重要作用。其實，決定每個人的職場結果，影響每個人職場成敗的關鍵因素不是別的，就是你的職場價值觀。因為，你的職場價值觀會決定你的職場行為，你的職場行為決定了你的職場結果。

價值觀對職場人士自身行為的定向和調節起著非常重要的作用，價值觀決定自我認知與職場定位，價值觀直接影響和決定了職場人的理想、信念、工作目標和人生追求，價值觀具有一定的燈塔效應，價值觀是一個人完成一生奮鬥目標的方向盤，是追求理想的發動機。

從一碗米到一瓶酒

有這樣一個故事：

徒弟問師傅，一碗米的價值是多少呢？

師傅說，這很難說，那要看這碗米在誰的手裡。如果是在一個家庭主婦手裡，她加點水蒸一蒸，用半個鐘頭的時間就可

以端幾碗米飯出來，讓一家人吃一頓飽飯，這就是一頓飯的價值。

要是在小商人手裡，他把米好好泡一泡，加一些紅棗、豆類、花生或一些肉類，並用粽葉包好，再蒸一下，五六顆粽子一上市就是二三十塊錢的價值。

要是到一個更有經濟頭腦的大商人手裡，把米進行適當發酵、加溫、窖藏、包裝成一瓶美酒，有可能賣到幾百塊錢到幾千塊錢的價值，甚至更高。

可見，一碗米有多少價值，要因人而異。

從一碗米到一頓飯、一顆粽子、一瓶酒。每個人最初的價值都是「一碗米」，隨著家庭主婦、小商人、大商人所處的環境不同，追求的不同，呈現出的價值也就不同。相當程度上取決於每個人對「一碗米」的加工程度。通常說來，加工的時間越短，離米的原始形態越近，價值就越低；加工時間越長，離原始形態就越遠，價值也就越大。因此，要提升個人的價值，就要善於加工自己，不斷改變自己的價值空間。

如果我們把這個過程比作人成長的過程也未嘗不可，但關鍵在於：每個人身上都有一種與生俱來的惰性，每個人對提升自己價值的想法又很多，但又都不想改變，因為改變是痛苦的，改變是需要勇氣和毅力的。

沒有人一生下來就能展現「一瓶美酒」的價值，雖然成為「美酒」的結果是快樂的，讓人愉悅的，但是細細分析成為

「美酒」的過程卻是異常痛苦的。

　　提升自己的價值，貴在有一顆勇敢的心。米和酒相比，價值當然是不一樣的，這其中的變化，是經過無數次的高溫、發酵、蒸餾、勾兌換來的。這與人對待成功的態度一樣，只有勇敢地付出，才可能會有非凡的價值。

　　有些人害怕艱苦的生活、寂寞的付出，不敢面對失敗、面對挫折，不願轉變觀念、開拓創新，結果只會原地踏步。很多年過去了，「米」還是原來的「米」，「人」還是原來的「人」。但有些人勇於打拚、不怕困難、持之以恆、艱苦奮鬥，最終脫胎換骨，成就非凡。

　　從米到美酒的過程是很漫長的，這還真急不得，開發自己的價值，要有一顆寧靜的心。俗話說，「急於求成則不成」。可是，有些人受「快速成功、急速成名」心態的影響，變得急躁、浮躁、煩躁、暴躁，反而缺乏腳踏實地、埋頭苦幹的實幹精神，還沒有鍛鍊成熟，就搶著爭名利、搶爭地位、賺大錢。如果是這樣，即使有平臺有機會，也會因為欠缺能力、素養不夠，而耽誤前程。要想在職場獲得成功，唯有一心一意、精力專注，不斷在實踐中加工自己，改變自己的價值空間，讓「能力」勝任「職位」的需求。

　　提升自己的價值，還要有恆心和毅力，參天大樹不是一天長起來的，人的價值也不是一天就能提升的。從「一碗米」到「一瓶酒」的價值開發，會遇上各式各樣的困難。在資訊膨

脈、知識爆炸、創意不斷的現代社會，每天都會有意想不到的事情發生，每天都會遇上新的問題和困難，但在遇上困難的時候，一定要有堅持到底永不放棄的恆心，和勇往直前的毅力，否則很有可能到最後你會「米不像米，酒不像酒」。

　　為什麼有些人付出了努力，但得到的遠不是他想要的，就是這個原因。成功和失敗的差距其實很小：有時成功是付出了 100% 的結果，失敗是只付出了 99.9% 的結果，大多數人失敗的真正原因就是你的毅力還不夠，學習太少，方法不對。這樣細細一算，成功與失敗的差距真的很小很小……千萬不要因為缺少了一點點的恆心和毅力而耽誤了釀成「一瓶美酒」。眼界寬一點，思想才會深一點；思想深一點，價值才會高一點。

扎根於心的價值觀

　　行為科學家格雷夫斯為了把錯綜複雜的價值觀進行歸類，曾對企業組織內各式人物做了大量調查，就人們的價值觀和生活作風進行分析，最後概括出以下七個等級供大家參考：

☑ 第一級，反應型：這種類型的人並沒有意識到自己和周圍的其他人是作為人類而存在的。他們照著自己基本的生理需求做出反應，而不顧其他任何條件。這種人非常少見，實際等於嬰兒。

☑ 第二級，部落型：這種類型的人依賴成性，服從於傳統習慣和權勢。

☑ 第三級，自我中心型：這種類型的人信仰冷酷的個人主義，自私和愛挑釁，主要服從於權力。

☑ 第四級，堅持己見型：這種類型的人對模稜兩可的意見無法容忍，難以接受不同的價值觀，而是希望別人接受自己的價值觀。

☑ 第五級，玩弄權術型：這種類型的人透過擺弄別人，篡改事實，以達到個人目的，這種人非常現實，積極爭取地位和社會影響。

☑ 第六級，社交中心型：這種類型的人把被人喜愛和與人相處看重於自己的發展，但會受到現實主義、權力主義和堅持己見者的排斥。

☑ 第七級，存在主義型：這種類型的人能高度容忍模糊不清的意見和不同的觀點，對制度和方針的僵化、空掛的職位、權力的強制使用，勇於直言。

這個等級分類發表以後，管理學家邁爾斯等人在 1974 年就美國企業的現狀進行了對照研究。他們認為，一般企業人員的價值觀分布於第二級和第七級之間。就管理人員來說，過去大多屬於第四級和第五級，但隨著時間的推移，這兩個等級的人逐漸被第六、七級的人取代。自我對照一下，身在職場的你有什麼樣的價值觀，這會決定你的職場路能走到哪裡。

現代職場人的價值觀導向是什麼呢？如《基業長青》的作者詹姆‧柯林斯（Jim Collins）先生對價值觀的作用曾有這樣

的闡述：「真正讓企業長盛不衰的，是深深植根於員工心中的核心價值觀。」一語道出了價值觀的精髓和要害，價值觀對經營企業有用，對個人成長一樣有用。

　　企業以人為本，企業的主體是人，只要掌握了每個人的價值觀，那麼人的行為就能被你掌握，企業就可以長盛不衰，這是組織管理的範疇。同樣的道理，如果一個人能夠把自己的價值觀管理好了，那麼你就把「自己」牢牢地抓住了，你的行為也就由你掌控，當然，有些人可以掌控自己的行為，但有些人則做不到，因為這是一個人對自我管理的意識問題和能力問題。現代職場人的價值觀導向變得越來越現實和簡單，似乎不加任何掩飾和隱瞞，這並不可怕，可怕的是很多企業根本就不重視員工的價值觀引導或管理。職場人抱著無所謂的態度，導致了職場人的價值觀導向現實性和簡單性，但無論是什麼原因導致，以下十種職場價值觀導向已是各家企業的常態，供大家參考：

☑ 預期收益：收入是否會越來越高，福利是否會越來越好。

☑ 權利範圍：權利能否越來越大，職務是否會越來越高。

☑ 成就感：成績有沒有被公司或上司或同事及時認可，自己有沒有被重視。

☑ 公平性：企業規章制度和激勵機制的公平、公正、公開性。

☑ 成長空間：能力能否增長，品格能否得到修煉。

☑ 興趣愛好：是不是在做自己喜歡的工作。

☑ 快樂指數：我快樂嗎？

☑ 環境舒適度：環境優越性。

☑ 人際關係和諧：很多人因為不會妥善處理人際關係而感到頭疼。

☑ 情感：有些人工作是為了情感。

這個統計是根據我的《職業心態的修煉與提升》企業管理培訓課程得出來的，這個課程從 2008 年開始截止到上個月正好 100 場，其中公開課只有 15 場，內訓課 85 場，人數多的時候接近 300 人，少的時候也有 30 人左右，總數超過 3000 人，每次課程後我都會做一個關於「個人價值觀導向選項」的統計，選項類別有 20 個，但選的最多的選項，並且按數量排列就是以上的順序，希望對大家有所幫助。

個人價值觀的制定步驟

冷靜思考你想成為一個什麼樣的人，並列出你的一個最終答案或許多答案：

冷靜的思考你現在是一個什麼樣的人：_____

列出你一生的追求：_____

列出你最敬重的人：_____

列出你的興趣愛好：_____

列出你的價值觀組成，包括：生死觀，金錢觀，榮辱觀，人生觀（追求），道德觀，愛情觀，發展觀，名利觀等。

檢驗你的價值觀組成；

請修正你的價值觀組成；

請確定你的價值觀組成；

請用你的價值觀為導向，引導並約束你的行為；

確保你的所有行為符合你的價值觀組成；

終生堅持你的價值觀，要有遇到任何情況都不改變的決心。

人各有志

　　《三國志・管寧傳》中有這樣一句話：「太祖曰：『人各有志，出處異趣。』」，其中「人各有志」的意思是指每個人各自有不同的志向願望，不能勉為其難，這裡的「志」字其實就是指一個人的價值觀，它有明確的導向性和堅定性，對一個人的職業導向和擇業動機起著決定性的作用。所以，要想在職場中成為贏家，就要從贏在價值觀開始。

　　1979 年伊朗權力更替，發生動亂，美國 EDS 公司在伊朗工作的兩名員工被關進監獄，公司老闆羅斯・佩羅（Henry Ross Perot）做了一個不可思議的決定：組織突擊隊進入伊朗營救。最終，兩名員工被成功救出。是什麼動力驅策裴羅去冒這個大風險，勇於做這麼大膽的決定？那是根植在他內心深處的價值觀所致。受勇氣、果敢、義氣、關懷、決心等價值觀的影響，做出了常人所不敢為的行動，也正是他這些價值觀促使他創立了 EDS 公司，從最初 1000 美元發展成數十億美元的大

企業。佩羅之所以會成為這個社會的佼佼者，憑藉的是每次做出正確的決定後，就會挑選適當的人去執行。他挑人的準則乃是嚴格審查他們的價值觀，凡是符合他所訂的高標準，就賦予任務並放手讓他們去做。

　　為什麼價值觀決定成敗，答案可能很簡單：「人因思而變，水因時而變，山因勢而變。」思想先於行動，腦袋決定口袋，如果你的價值觀是對的，那麼你的職場方向是正確的；如果你能夠一直堅持你的價值觀，結果就可能會好，因為，決定你行為方式的核心因素是你的價值觀。

　　人們常說：「成功者都是一樣的，而失敗者卻各有各的不幸。」為什麼是價值觀決定成敗，因為價值觀具有一種無可替代的力量，不但可以確保每個人能夠做正確的事，而且還可以確保每個人以正確的方法做事。

　　職場人士不能從一開始就輸在起跑線上吧！職場價值觀決定你的定位，決定你的選擇，決定你選擇給什麼樣企業或者老闆工作，職場的價值觀決定你為誰做，是為自己的追求做，還是為職業道德，是為幫助家人實現願望？還是為溫飽？職場價值觀決定了你做還是不做？職場的行為最終決定了你的職場生涯究竟做了些什麼，從而，最終決定你的職場價值。

　　一切源於價值觀卻又歸於你職場的價值展現，如果不想荒廢你的職場生活，請關注你的價值觀，因為那是你職場成敗的起點。

　　IBM 公司的崛起及成長得力於創立者托馬斯・華生（Thomas J. Watson）的價值理念。他根據自己的價值觀，為公司訂立明確的經營原則，也正是這些原則把 IBM 公司引導成為世界上最成功的企業之一。

　　華人首富李嘉誠一直把「誠信」視為天條。當年他決定在英國倫敦出售持有的香港電燈集團公司股份的 10%，卻獲知香港電燈即將公布獲得豐厚利潤的財務報告，李嘉誠的助手建議他暫緩出售，以獲得更好的盈利，但李嘉誠卻堅持按原計畫出售，他說「還是留些好處給買家，將來再配售會順利點，賺錢並不難，難的是保持良好的信譽」。他的價值觀是「在與合作夥伴合作時，如果拿 10% 的利潤是公正的，拿 11% 也可以，但是我只拿 9%，這樣以後才有更多的機會」。推己及人的價值觀，為李嘉誠的商業王國奠定了堅實基礎。

　　人生真正的幸福只有一條，那就是按照自己的價值觀去生活，你能怎樣堅信，那就怎樣執行，有時即便得罪或冒犯他人也必須堅持，否則就會像無頭蒼蠅一般，無法發揮潛能。價值觀是人生的指南針，掌握你的人生方向，幫你做出決定，引導你付諸行動，因此必須正確使用你的價值觀。

把自己放在了哪裡？

和大師學「定位」

　　世界上著名的行銷策略家之一的艾爾・賴茲（AI Ries）說：「定位的對象可以是一件商品，一項服務，一家公司，一個機構，甚至是一個人，也可能是你自己。定位不是要你對產品做什麼事情，而是你對產品在未來的潛在客戶的腦海裡確定一個合理的位置，也就是把產品定位在你未來潛在客戶的心目中。」

　　順著大師的話，做一個假設：假如把自己比作職場中的一個「產品」，我們要在職場尋找一個合理的位置，並且確定這個位置就屬於自己的。只有找到了或者找準確了這個位置，我們才有可能跟職場周圍的人群有一個區分，恰恰是這個區分才能夠準確地回答「我是誰」。

　　百事可樂，正是利用可口可樂強勢（「正宗」可樂發明者）中的弱點（父輩在喝），界定出自己的新一代「年輕人可樂」的定位，從破產邊緣走出一條光輝大道。美國民主黨也在採納了定位之父傑克・特魯特（Jack Trout）的競選策略——將共和黨重新定位為「不稱職」，而勝選，又因未能持續堅持（違背定位原則）輸掉了下一次選舉。定位與管理一樣，不僅僅適用於企業組織，同樣適用於一個人，甚至適用於一個島

國——格瑞那達（Grenada），透過重新定位為「加勒比海的原貌」，引來了遊客無數，從而使該國原本高達 30% 以上的失業率消失得無影無蹤。

「歌神張學友」、「演員周潤發」、「導演李安」、「作家三毛」、「空中飛人喬丹」等，一提到這些人，大家的第一反應是什麼？是他們在你心中有一個合理的位置，有一個明顯的區分，這就是定位。反之，當一個品牌破壞了已有的定位，或者企業營運沒有遵循客戶心目中的定位來配置資源，則不但新進入的客戶不接受，反而將浪費企業巨大的資產甚至使企業走向毀滅。

傑克・特魯特（Jack Trout）說：「所謂定位，就是令你的企業和產品與眾不同，形成核心競爭力；對受眾而言，即鮮明地建立品牌。」定位是如何在潛在客戶的心目中實現差異化，從而獲得認知優勢。重新定位是如何調整心目中的認知，這些認知可以是關於你的，也可以是關於競爭對手的，重新定位的關鍵在於為自己確定準確的位置。

在社會環境和職場環境日益複雜的今天，怎樣才能不虛度青春，怎樣令你與眾不同，形成職場的核心競爭力，要想在競爭激烈的職場中脫穎而出，需要給自己一個準確的定位。

職場裡，僅靠勤奮和能力是不夠的，還需要定位，你必須在第一時間對自己有一個清晰的認知，要在職場尋找一個合適的位置，並且確定這個位置是否就屬於自己的，還要一直監督自己，不能讓自己走偏，或者盲目地行走。

定位決定成就

俗話說：「尺有所長，寸有所短。」十根手指伸出來都不一樣長，知識和技能無窮無盡，即使是天才也無法掌握全部的技能。隨著社會發展和企業需要的不斷變化，職位分工將越來越精細，只要能夠找準自己的優勢，找到適合自己發展的領域，堅持不斷努力，才有可能取得成功。

尼采曾說：「聰明的人只要能認識自己，便什麼都不會失去。」任何一個人想要在職場取得成功，首先應該從了解自我開始，知道自己是誰，在做什麼？能做什麼？要做什麼？為了實現目標要做哪些準備？只有一一找到了這些問題的答案，才能準確找到自己的職場定位，取得最終的勝利。

瑞士手錶在全世界無人不知、無人不曉，而且都價格不菲。16 世紀末，它從靠近法國的日內瓦向外擴散，主要是沿侏羅山脈一線向東北蔓延，一直到東北面的沙夫豪森，在歐洲遍地開花，品牌享譽全球。

瑞士手錶之所以能夠成為全球手錶中的佼佼者，穩坐高階手錶第一把交椅，是因為瑞士手錶一直堅持走「專、精、尖」的路線，即使在國際鐘錶行業競爭異常激烈的時候，當受到石英錶、電子錶的強大衝擊之時，也沒有自亂陣腳，而是堅決走「專、精、尖」的路線毫不動搖，不斷提升瑞士手錶專業的工藝水準，用高尖技術和精益求精的實力鞏固了自己「鐘錶王

國」的地位，使自己的優勢得到最大程度的發揮，成為其他品牌無法取代的精品。

身為職場弄潮兒，應該像瑞士鐘錶一樣，為自己找到獨特定位，找到自己的特點，並使其形成獨特優勢，為自己贏得發展的空間。

如果你將自己定位於「凡人」，你必定會用平凡的態度和行為回應你的職場；如果你將自己定位於「超人」，那麼你定會用「超人」的態度和行為去要求自己；如果你將自己定位於「能人」，你必定會用「能人」的標準去鞭策自己。可見，正確的自我定位是引導你走向成功的燈塔；而錯誤的自我定位，則是潛藏在內心的「魔鬼」，是造成你走向失敗的「絆腳石」。時刻檢查和監督自己的定位，並將之與目標始終保持一致，是至關重要的，因為它直接關係到你的付出與回報，決定著你的成敗和結果。

用精神和習慣成就自己

透過職場定位來成就自己的方法有兩種，一是要有科學家求知般的精神，二是要有軍人的職業習慣。因為精神鑄就靈魂，習慣成就自我。

先分析一下要有科學家求知般的精神。人類的進步是科學的進步，科學的進步本來就是一種精神的進步，而這種精神的可貴之處便是求知。科學家會用可靠精密的方法和虛心誠

實的工作態度去追求真理，所以，科學的結果是經得起推敲和論證的，是可靠的。求知般的精神可貴之處在於它不只展現在結果，而是追求結果的步驟和過程。人類的進步是一步一個腳印，科學的進步也是一步一步地走過來，經過反覆試驗、論證。科學家不會自欺欺人，在求知的過程中有半點不確定都不肯放過，稍微不透澈、不準確之處都會從頭再來，這樣得出來的結果才值得信服。在職場上，每一個員工都做到不折不扣地執行便是企業之大吉了，更別說求知精神了，但不說怎麼會有人意識到，假設職場菁英意識到了這一點，希望能夠長時間地保持科學家求知的精神。

　　另外，要有軍人的職業習慣，習慣對我們的生活有很大影響，因為它是一貫的。在不知不覺中影響著我們的品德，暴露出我們的本性，左右我們的成敗。思想決定行動，行動決定習慣，習慣決定品格，品格決定命運，可見習慣的重要性是如此重要。

　　軍人的習慣，第一便是服從，服從就是守紀律，守紀律是組織建設的基礎。試想一下如果一個組織沒有嚴格的規章制度，那麼員工就可以任意行事，這個組織還能稱得上是個有效率的組織嗎？組織的目的之一便是統一思想，整個團隊需要思想統一、目標一致，如果目前你的團隊裡總是出現不一樣的聲音，則發出一個訊號 —— 團隊的凝聚力出了某種程度的問題，如此下去還談得上服從、執行嗎？

軍人的習慣，第二便是團隊意識，軍人把任務看得比生命還重要，把團隊的利益放在首位，強調團隊比個人重要。這其實和職場人士大多以自我為中心的價值觀背道而馳，這就需要職場人士清醒地意識到：不論在哪個年代，團隊強則組織強，組織強的目的是透過組織的管理讓個體變得更加強大。如果一家企業的團隊成員缺乏了團隊意識，那麼他就缺少了組織的靈魂。

軍人的習慣，第三便是吃苦耐勞。我們發現坐享其成的人多了，吃苦耐勞的人少了，這不是一個好現象，我們倡導腳踏實地，認真做事。物以稀為貴，這更說明瞭吃苦耐勞這種習慣的缺乏和可貴。

堅守陣地

經營自己和經營企業的道理是一樣的，一定要找準自己的定位，明確認清企業最適合的市場是什麼？現在是在做什麼，擅長做什麼？其實，一家企業重要的不是做第一，而是能不能在自己的領域裡守住陣地，一家企業只要能在自己的領域中具有不可替代性，就一定能夠守住陣地，具備在市場中長期競爭的條件。

做企業不能過快地吸收「營養」，不能盲目擴張。雖然每家企業都制定了增長目標，並將企業的增長視為在市場競爭中的一種生存手段，甚至以增長為目的，大量融資或風險整合，

其實，這不但無法使企業基業長青，反而會讓企業「痛不欲生」。因為，無法提高資源生產效率的增長是不具有市場競爭力的，屬於「不健康」的增長。就像人體多餘的脂肪一樣，增長得越快、越多，反而越痛苦，對健康越沒有好處。

以犧牲為代價的增長，屬於投機性增長，對企業的成長有害。經營企業一定要使企業的各種養分均衡，企業的成長是有規律的。雖然在成長的過程中，增長不是一種需求，而是一種必需，但我們一定要搞清楚，企業的成長一定是以健康為前提，否則增長的意義何在？

企業的增長是為了不被市場邊緣化，一家企業必須了解自己在行業中所處的位置和合理的增長幅度，才能拿到在市場中競爭的門票，否則它就無法繼續生存下去，更談不上企業的健康成長和長期競爭。

一位武術大師向李小龍請教，他想讓李小龍教會自己李小龍的全部功夫。

李小龍拿出兩隻裝滿水的杯子說：「這第一杯水，代表著你所會的全部功夫；這第二杯水代表著我所會的全部功夫。如果你想將第二杯水全部倒入第一個杯子中，你必須先把第一個杯子中的水全部倒光。」取捨就是選擇，選擇就是定位，定位之後就要重新規劃，開始行動。

做 500 強不如做足 500 年

2008 年 5 月，我遇到了「隱形冠軍」，他是「非常小器」的掌舵人、享譽國際的「指甲鉗大王」、中山聖雅倫公司總經理、聚龍集團董事長梁伯強先生。透過與他的交往日漸深入，我越來越敬佩這位有著明確定位並且做事十分專注的企業家，我對他的敬佩是出於他是一個定位十分準確的人，無論是個人成長還是經營企業，他都把「定位」理論運用得爐火純青。

梁伯強先生自小就好奇心極強，愛動腦子，在上學的路上，一個加工金銀首飾的獨立工匠在製作耳環，他天天去看、去學。有一年，家裡要還一筆債務，愛思索的他，用母親陪嫁的銅臉盆製成耳環，賺了自己的「第一桶金」，不僅幫助家裡還清了債務，也有了「一技在身」。高中畢業後，立志要在五金行業做出點名堂的梁伯強，成為鎖廠的文職人員，但好景不長，在一次外調回來後梁伯強被安排當翻砂工，這讓他感覺如果這樣下去，會離目標越來越遠，就這樣他開始尋找新的出路。

1985 年 4 月他創辦小欖潤記首飾廠，不久後關閉。立志要在五金行業做出名堂的他，並沒有放棄最初的目標，後來在澳門創辦作坊式家庭工廠，生產物美價廉的人造首飾，銷售長紅，供不應求，只一年，梁伯強就建了新房，還盈餘了幾十萬人民幣的個人資產，並於 1986 年在香港註冊了聚龍工藝製品有限公司。1992 年，市政府資助梁伯強先後成立了兩家合資企

業，生產旅遊紀念品、首飾等。剛過而立之年的梁伯強如魚得水，成了當地名人。

1998 年一天，梁伯強在一張舊報紙上無意看到一篇題為〈話說指甲剪〉的文章，才知道中國並沒有優秀的指甲剪製造商。「為什麼我不做一個中國指甲剪的知名品牌呢？」有著小五金行業從業經驗的梁伯強，冒出這樣的念頭。那一年，梁伯強開始生產指甲剪。

憑藉一個大企業不願做，小企業做不來的「小不點」產品，梁伯強先生做出了中國第一、世界第三的「巨無霸」企業。他參與起草制定了「中國指甲剪行業標準」，發明創造的「二片式指甲剪」被稱為「小五金行業的神五技術」。

「小王也是王，螞蟻腿也是肉」的「小王論」；「自己淘汰自己」的「創新論」；「感性、理性、悟性、靈性、個性」的「五性論」；梁伯強用成功的個人定位，成就了企業的定位，成就了做 500 強，不如做足 500 年的定位論；讓這個「小王之道」的「隱形冠軍」的路越來越精準，越來越聚焦。

支點 03
凡事豫則立，不豫則廢

怎樣做職場規劃

老子說：「合抱之木，生於毫末；九層之臺，起於累土；千里之行，始於足下。」這個道理告訴我們，不論做什麼事，事先有準備，就能得到成功，不然就會失敗。

為什麼我們要規劃，其實道理很簡單，因為人生是一趟旅行，只有單程票，卻沒有回程票。如何在職場中淋漓盡致地發揮自己的才能，寫出精彩的劇本，規劃很重要。荀子日：「不積小流，無以成江河；不積跬步，無以至千里。」一個人的職業生涯規劃的目的其實就是科學地經營自己。做自己的職業規劃，早比晚好，因為在職場，導演和主演都是自己，起點是自己，終點也是自己，沒有人能夠代勞。

職場規劃就是一個人在職場的「科學發展觀」，就是一個人根據職業發展的需求和個人發展的目標，對自己的職業發展道路做出預先的計畫和設計。其實，在職場重要的不是你來自何處，而是你今後要去到哪裡？只要方向對，找到路，就不怕路遠，一個對自己沒有進行科學規劃的人，經常會走很多彎路。

做好職業規劃，要劃分不同的階段：

第一階段：20 歲以前

在 20 歲都有這樣的經歷：讀書、談戀愛、社會實踐……在父母的呵護中，在老師、朋友的影響中成長。

第二階段：21 ～ 30 歲

這 10 年，假設能多結識一些心態良好，比自己優秀和年長的人做朋友，你的社會基礎就會相應打得很好，今後的機會也可能會多一些。因為 10 年後你的這些良師益友將是各個產業的中堅力量。

這 10 年如果你勤奮踏實，忠誠可靠，既懂得虛心請教，累積自己的經驗，又懂得低調做人和科學規劃自己的未來，那麼，你的職場基礎會打得很牢固。

這 10 年，因為沒有經驗，所以到處碰壁；因為資源不多，更要身段柔軟。這一切，不為別的，只為自我的成長和經驗的累積。如果 30 歲之前，你沒有做好科學的規劃，你可能會喪失很多機會。如果在 30 歲之前你沒有善待你身邊的朋友同事，那麼你到了 40 歲拚人脈的年齡時就會很吃力。

第三階段：31 ～ 40 歲

這 10 年是你職場生涯中很重要的年齡階段，必須要對自己做科學系統的分析和選擇，制定長期發展的職業目標。當

然，如果你步入社會比較早，成熟得比較快，你的起點比較高，條件比較好，經驗比較多，我不排除你做事業規劃可以提前到 25 歲甚至更早。

子曰：「吾十有五而志於學，三十而立，四十而不惑，五十而知天命，六十而耳順，七十而從心所欲，不踰矩。」翻譯成現代漢語，孔子說：「我十五歲立志於大學之道；三十歲能夠自立於道；四十歲能無所迷惑；五十歲懂得了天道物理的根本規律；六十歲所聞皆通；七十歲能隨心所欲而不越出法度。」

三十而立，是說在十五歲開始學習和充實自己修養的基礎上，確立自己在為人處事，對待生活的態度和原則。能依靠自己的本領獨立承擔自己應盡的責任，並已經確定自己的人生目標與發展方向。四十不惑是三十而立的下一個階段，四十不惑，是說講原則、守規範的自己在經歷了許多的人和事後，對自己的原則不惑，而不是說對什麼都不疑惑，如果都不疑惑那就可以成「神」了。五十知天命，也不是所謂的宿命論，而是明白所謂命運一切都是由自己造就的，因此應不怨天、不尤人。六十而耳順，是說這個時候，能明是非、辨好壞。七十而從心所欲，不踰矩，是說到了七十歲時的時候，你在為人處事的方方面面都很成熟了，做事的時候基本就不會犯錯，而不是說隨心所欲，想做什麼就做什麼。

可見，古人對自己的人生有一個科學的規劃，從古至今也

是我們應該遵循的，制定規劃不能盲目，不但要遵循既有分析性和方向性的原則，還要有科學步驟。

第一步，分析自己。要從自己的興趣愛好、性格特徵和能力等重要因素分析自己的優劣勢，要先搞清楚自己要什麼？

第二步，選好行業。俗語說，男怕選錯行，女怕嫁錯郎。

第三步，看環境。相信孟母三遷的道理，大家都懂得。

第四步，選平臺。離開公司，你什麼都不是。平臺是你實現價值的舞臺。

第五步，決定事業方向，制定事業目標。有目標的人更容易成功。

第四階段：41 ～ 60 歲

41 ～ 60 歲這 20 年是你事業取向和價值取向轉換的階段，工作應該從體力轉換為腦力，轉化用頭腦去工作，不要用身體去工作。轉化心境，不論目前你多風光、多有成就，寧可因夢想而忙碌，也不要因忙碌而失去夢想。做好時間管理，你的時間在哪裡，成就就在哪裡，爭取一年做好一件事。

真正的衰退，不在白髮皺紋，而是停止了學習進取，因此，保持希望，不斷學習，落實行動，是成功人生的保證。人生有輸有贏，得勢順境時，千萬不要得意忘形，放縱自己；失勢逆境時，千萬不可消極頹廢，放棄自己；人生成功的定義，要自己去找，別迷失在別人的看法中。

看不清靶子的結果

一次演講時，李嘉誠問臺下嘉賓：「一個開車進加油站的人最想完成什麼？」眾人回答：「當然是加油了。」李嘉誠先生略顯失望，於是馬上有人補充：「休息、喝水、上廁所。」李嘉誠說：「回答得還不夠準確，其實，一個開車進加油站的人，最想完成的是希望能早一點離開加油站，盡快地朝著目的地繼續旅程，並不願意在加油站耽誤過多的時間，每個人做事都會有具體的目的，但它們必須都屬於一個遠大目標。」

哈佛大學曾經做過一個關於「職業規劃對人生影響」的追蹤調查。調查對象是一群智力、學歷、環境等各方面都差不多的都市職場人。調查結果發現：27%的人是沒有目標的，抱著走一步看一步的態度，根本談不上規劃；60%的人心中有一個說不太清晰的目標，只能算是一個想法，有較模糊的規劃，不夠科學和細緻；10%的人有清晰的短期目標和比較籠統的規劃，但都顯示出信心十足的狀態；3%的人有長期的、清晰的目標，不但有目標而且還有量化的目標分解和明確的規劃，並對規劃的細則描述得頭頭是道，對超越目標信心十足。

25 年的追蹤結果顯示：3%的人 25 年來都不曾更改目標，他們朝著目標不懈努力，克服重重困難，也不斷地在優化著自己的規劃，留下可行的，丟棄不實際的目標，25 年後他們幾乎都成為了社會各界的頂尖人士；10%的人，生活在社會的中上層，不斷地達成短期目標，生活狀態穩步上升；60%的人，

幾乎生活在社會的中下層，他們能夠安穩地工作與生活，但似乎都沒什麼突出的成就；27%的人，幾乎都生活在社會的最底層，25年來生活過得很不如意，常常失業，靠社會救濟，並常常怨天尤人、對社會極為不滿。

　　每個人或多或少都會有目標，但對目標有清晰和不清晰之分，堅持和不堅持之分。目標對人生有著巨大的導向性作用，規劃對目標有一定的支撐作用，成功在一開始，僅僅就是一個「選擇」，而規劃就是這個「選擇」的理性分解，你選擇什麼樣的目標，就會有什麼樣的成就。目標的作用如下：

☑ 目標是指南針，可以給我們的行為設定明確的方向，讓我們充分了解每個行為的目的。

☑ 目標使我們知道什麼是最重要的，什麼是次要的，有助於我們合理安排時間。

☑ 目標可以促使我們活在當下，讓我們的工作和生命更有意義，沒有目標的人生如同行屍走肉。

☑ 目標可以使我們完善自我管理，能清晰地評估自己每個行為的價值，正面檢討每個行為的效率。

☑ 目標能夠使我們珍惜寶貴的時間，把每一項工作變得更有意義。

☑ 目標使我們隨時隨地衡量自己的工作能力和成果，從而產生持續的信心、熱情與行動力。

☑ 目標使我們的精神達到巔峰狀態，從而擴大我們的影響力。

☑ 目標一定要量化，沒有量化的目標是沒有任何意義的；目標一定要明確，就像打靶一樣，如果靶子都看不清楚，打中是偶然，打不中才是必然。

我們今天的生活狀態，不是由我們「今天」決定的，是由「昨天」工作目標的結果決定的。明天的生活狀態，也不是未來決定的，它是由我們「今天」的工作狀態決定的。

意願比規劃更重要

許多人都會有很清楚的目標，可是卻沒能達成。這其實和意願有著直接的連繫。目標很清晰，如果意願為零，結果就等於零，規劃得再好，如果意願為零，結果就等於零。每一個人都想在職場上有所成就。可是，儘管每個人都會有自己的目標，但他們對目標的堅持或期望的強度是不一樣的。

如果達成目標的意願是 0，就表明了根本就不想要的態度。當一個人不想要的時候，當然就得不到了，這時的目標只是個擺設。

如果達成目標的意願是 50%，這表明了可要可不要態度。意願不夠堅定，不願全力以赴，只會畏畏縮縮，看到他人努力的成果會羨慕，可自己又不願付出代價，遇到困難，知難而退，結果也常常不盡人意。

如果達成目標的意願是 99%，這表明了非常想要的態度。但即使非常想要，到最關鍵的時刻，為什麼會有一絲退卻的念

頭，這是在和自己的意志力鬥爭，可千萬不要小看這 1% 的堅持，在現實生活當中，有多少人是敗在了 1% 的手下？突破最後的 1% 和意願有關，和毅力有關，如果沒有堅持到底，在最後一刻放棄，其實與一開始就放棄，結果是一樣的。

如果達成目標的意願是 100%，也就是不達目的，誓不罷休，不惜付出一切代價的態度。這種態度和意願就是成功的狀態，就是找到了「決心決定成功」的祕訣，這也是很多人成功的原因。

成功是需要付出代價的，這個代價叫做「成功成本」。實現的目標越大，往往付出的成本也會越大。一個人能有多大的成就，取決於他付出了多少成本。一個人的成功機率有多高，取決於他的意願有多大，決心有多強。如果一個人的承受能力很弱，成功的意願又不強烈，決心也不夠大，那麼他成功的機率非常小。

同樣是行走

唐朝貞觀年間，有一匹馬和一頭驢子，牠們是很要好的朋友。貞觀三年，這匹馬被玄奘選中，前往印度取經，而驢子則在家拉磨為生。17 年後，這匹馬完成了任務，馱著佛經回到長安城，在取經的 17 年間，這匹馬對好朋友驢子可謂是朝思暮想，放下佛經立即到磨房會見多年未見的老朋友驢子。曾經的小馬、小驢已經變成了老馬、老驢。老馬談起了這 17 年中

精彩經歷：遇到了妖魔鬼怪，遇到了艱難險阻，看到了大好河山，看到了美麗風景，這些年，有喜、有悲、有思念、有浩瀚無邊的沙漠、有高聳入雲的山峰、有熾熱的火山……

老驢子聽後很是羨慕，感嘆道：「這些年你爬雪山，渡沙河，天天與炙熱的太陽、瘋狂的風沙為伴，還得躲避那些凶惡的野獸，過著提心吊膽的日子，走上那麼遙遠的路途，如今你還拖回了佛經，這些我連想都不敢想。」

老馬說：「其實，這個過程並非你想像的那樣可怕，我每天也是和你一樣，為了既定的目標一步步地往前走。其實我們走過的距離大致是相同的，當我向印度前進的時候，你也一刻沒有停步。不同的是，我是在去印度的路上一步步往前行走，而你卻在磨盤周圍一步步地行走。而最大的區別在於，我同玄奘大師有一個遙遠的目標，按照始終如一的方向前行，所以走進了一個廣闊的世界。而你卻整天圍著磨盤打轉，所以永遠也走不出狹隘的天地……」

同樣是行走，差距怎麼那麼大呢？老馬和老驢最大的差別就在於目標的不同，最終導致了結果的不同。管理大師彼得・杜拉克（Peter Ferdinand Drucker）說：「目標並非命運，而是方向。目標並非命令，而是承諾。目標並不決定未來，而是動員企業的資源與能源以便塑造未來的那種手段。」

手錶定律

　　森林裡生活著一群快樂的猴子，牠們每天在太陽升起的時候外出覓食，太陽下山的時候回去休息，日子過得平淡而幸福。一天，一名遊客穿越森林，把手錶落在了樹下的岩石上，被猴子「齊天大聖」拾到了。聰明的「齊天大聖」很快就搞清楚手錶的用途，於是，「齊天大聖」成了整個猴群的明星，每隻猴子都向「齊天大聖」請教確切的時間，整個猴群的作息時間也由「齊天大聖」來規劃。「齊天大聖」逐漸建立起威望，當上了猴王。

　　做了猴王的「齊天大聖」認為是手錶給自己帶來了好運，於是牠每天在森林裡巡查，希望能夠拾到更多的錶。皇天不負苦心人，「齊天大聖」又擁有了第二隻、第三隻錶。

　　但「齊天大聖」卻遇到了新的麻煩：每隻錶的時間指示不盡相同，哪一個才是確切的時間呢？「齊天大聖」被這個問題難住了。當有下屬來問時間，「齊天大聖」支支吾吾回答不上來，整個猴群的作息時間也因此變得混亂。

　　過了一段時間，猴子們起來造反，把「齊天大聖」趕下了猴王的寶座，「齊天大聖」的收藏品也被新任猴王據為己有。但很快，新任猴王同樣面臨著「齊天大聖」的困惑。

　　手錶定律是指一個人有一隻錶時，可以知道現在是幾點鐘，而當他同時擁有兩隻手錶時反而無法確定現在是幾點鐘。

兩隻錶並不能告訴人們更準確的時間，反而會讓看錶的人失去對準確時間的信心。

手錶定律給我們的啟示：對同一個人或同一個組織不能同時採用兩種不同的方法，不能同時設定兩個不同的目標，甚至同一個人不能由兩個人來同時指揮，否則將使企業或者個人無所適從。對一個人來講，更不能同時選擇兩種不同的價值觀，否則他的行為將陷於混亂。

尼采有一句名言：「兄弟，如果你是幸運的，你只要有一種道德而不要貪多，這樣，你過橋會更容易些。」如果每個人都「選擇你所愛，愛你所選擇」，無論成敗都可以心安理得。然而，困擾很多人的是他們被「兩隻錶」弄得無所適從，心力交瘁，不知自己該信哪一個。

在面對兩個選擇的時候，我們可以使用「模糊心理」的方法來解圍，所謂「模糊心理」，就是在擁有兩個選擇很難做出決策的情況下，以潛意識的導向為決策首選，做出符合潛意識心理的選擇。也就是用你第一印象最好的那個選擇做決策。

19 歲的規劃

有這樣一個人，身材不足一百六十公分，卻被稱為「電子時代大帝」；有這樣一個人，或許他的名氣比不上微軟的比爾蓋茲，甚至是雅虎的楊致遠，但他自稱，在網際網路經濟中拿下的比重，已經超過了上述二人；有這樣一個人，擁有億

萬元身價，財富位居世界前列，卻依然雄心勃勃，想拿下整個世界！他一手造就了阿里巴巴，同時還有美國波士頓動力機器人、Wework、滴滴、Uber⋯⋯

　　他就是韓裔日本企業家孫正義，眾多著名 IT 企業都留下了他的身影並打下了軟銀公司的烙印。他在 19 歲時候，就曾勾畫了 40 個公司的雛形，並設計了一個 50 年建立公司的計畫，如何籌集資本，如何把發明創造傳下去，並制定了自己的規劃。

　　19 歲，規劃人生 50 年藍圖。

　　30 歲以前，要成就自己的事業，光宗耀祖。

　　40 歲以前，要擁有至少 1000 億日元的資產。

　　50 歲之前，要做出一番驚天動地的事業。

　　60 歲之前，事業成功。

　　70 歲之前，把事業交給下一任接班人。

　　如今，從 19 歲就開始做規劃的人很少，而且一做就是 50 年的人更少。孫正義就是這樣一個人，認真地做規劃，並且一步一個腳印地去完成，也許他的成功不僅是因為這個清晰可見的規劃，可能他本身就是一個「奇人」，但是，我們不能忽視前者的作用和力量。孫正義曾經說過：「19 歲的他什麼都沒有，只有夢想；夢想推動規劃，行動第一。」

　　99% 的人所走的路是這樣的，先根據自己現有的資金、實力去做最可行的事。孫正義卻反其道而行之，讓夢想推動行

為，先設定一個非常大的願景規劃，然後再決定要在多少時間裡面實現這個規劃，接下來，再倒數回來，一直回推到今天。

人不僅需要一個目標，還要全心全意地去實現這個目標。對很多人來說，可以制定這麼一張目標清單，也可以有自己的願景規劃，但是你們決定好就一定要全心全意去做，因為這並不是一件簡單的事情。

《信仰：孫正義傳》作者井上篤夫在書中提到，孫正義的未來 30 年有這樣的規劃：在 30 年之內使軟銀成為全球十大 IT 技術公司之一。軟銀的目標是市值達到 200 兆日元（2.4 兆美元），擁有 5000 個子公司。

軟銀積極地向東北亞投資，並且計劃在一個名為 Oriental Xpress（東方快車）的計畫中幫助在韓國和中國的商業合作夥伴向海外擴張。

軟銀已經向韓國企業投資了 2.30 億美元，與韓國電信營運商 KT 公司組建了一個雲端計算合資企業，以幫助日本企業保護自己的數據避免自然災害的損害。軟銀也增加了在中國的投資，增加了包括阿里巴巴和人人網在內的一些公司的股權。軟銀還將進入智慧電網行業，其表示，軟銀在能源行業也許是一個新手，但是能夠根據所知道的網際網路技術為智慧電網做出貢獻。

「最初所擁有的只是夢想，以及毫無根據的自信而已。但是，所有的一切就從這裡出發。」這句話，孫正義幾乎在每次

公開演講的時候都會講出來。也許正是這一句話激勵他前進，但是我們能夠借鑑的是：有夢想就要有規劃，光想不行；有規劃就要有行動，光列清單不行。相同的是我們都有夢想，不同的是他不但有夢想，還有規劃和行動。

> 支點 04

時間是做任何事情必備的條件

時間管理的意義

如果你沒有確定你的價值觀，就無法找到準確的定位，你連位置都沒找到，還談什麼目標、規劃和時間管理呢？如果你的目標不明確，規劃不清晰，那你的時間分配則沒有任何意義。因為時間管理是為目標服務的，時間管理的重點不在於管理時間，而在於如何分配你的時間。你永遠沒有時間做每件事，但你永遠有時間做對你來說最重要的事。

時間管理就是用技巧、技術和工具幫助我們完成工作，實現目標。時間管理並不是要把所有事情做完，而是更有效地運用時間。時間管理的目的除了要決定你該做些什麼事情之外，另外一個很重要的目的也是決定什麼事情不應該做；時間管理不是完全掌控 24 個小時，而是降低事務變動的機率。時間管理最重要的功能是透過事先的規劃，做為一種提醒與指引。

管理大師彼得‧杜拉克（Peter Ferdinand Drucker）說：「有效的管理者知道他們的時間用在什麼地方。他們所能控制的時間非常有限，他們會透過系統的工作來善用這有限的時間。時間的供需具有不可調節性，也無法繪製邊際效用曲線。而且，時間稍縱即逝，根本無法貯存。昨天的時間過去了，永遠不再

回來。所以，時間永遠是最短缺的。」

　　基於時間無法開源節流、無可取代、不可再生的特性，時間管理的本質不是管理時間，而是面對時間如何有效利用和實現人生最大追求的人。可見，時間管理的標的是人，而不是時間。

時間管理的 10 個原則

☑ 原則一，有計畫地使用時間並且管理自己。不會計劃時間的人，等於在計劃自己的失敗。將每一天從早到晚要做的事情分輕重緩急進行羅列。

☑ 原則二，時間管理要具有靈活性。一般來說，只將時間的50％計劃好，其餘的 50％應當屬於靈活時間，用來應對各種打擾和無法預期的事情。

☑ 原則三，遵循你的生理時鐘。你辦事效率最佳的時間是什麼時候？將優先辦的事情放在最佳時間裡。

☑ 原則四，先做最有價值的事情，要比把事情做好更重要。做有價值的事情，是一種選擇，把事情做好僅僅能說明你做事有效率，時間管理首先考慮效果，然後才考慮效率。

☑ 原則五，區分緊急事務與重要事務。緊急事往往是短期性的，重要事往往是長期性的。

☑ 原則六，對所有沒有意義的事情採用有技巧的忽略。將羅列的事情中沒有任何意義的事情刪除掉。

☑ 原則七，沒有任何事情可以處理得完美。我們應該追求辦事效果。

☑ 原則八，巧妙地拖延。如果一件事情，你不想做，可以將這件事情細分為很小的部分，只做其中一個小的部分就可以了，或者對其中最主要的部分最多花費 15 分鐘時間去做。

☑ 原則九，學會對你計劃外的事情說「不」。一旦確定了哪些事情是重要的，先做重要的，計劃外的事情用額外時間完成。

☑ 原則十，保證自己每分每秒都在做最有生產力的事情。

別人想什麼，我們控制不了；別人做什麼，我們也強求不了。唯一可以做的，就是盡心盡力做好自己的事，走自己的路，按自己的原則，好好生活。即使有人虧待了你，時間也不會虧待你，人生更加不會虧待你！

卓有成效的時間管理法

方法一，一次做完

做任何事情要遵循一次做完原則，如果一次未做完，第二次再做的時候需要一個再次適應的過程，再次適應的過程會浪費我們寶貴的時間。

方法二，一次做對原則

一次做對原則是最有效、最節省時間的方法。

方法三，6 點優先工作制

這是效率大師艾維・李（Ivy Ledbetter Lee）向美國一家鋼鐵公司提供諮詢時實踐過的方法，這家瀕臨破產的鋼鐵公司採用了艾維・李的方法堅持了 5 年，一躍成為了當時全美最大的私營鋼鐵企業，艾維・李因此獲得了 2.5 萬美元諮詢費，管理界將該方法稱為「價值 2.5 萬美元的時間管理方法」。

這一方法要求把每天所要做的事情按重要性排序，分別從「1」到「6」標出 6 件最重要的事情。每天一開始，先全力以赴做好標號為「1」的事情，直到它被完成或被完全準備好，然後再全力以赴地做標號為「2」的事，依此類推……

艾維・李認為：一般情況下，如果一個人每天都能全力以赴地完成 6 件最重要的大事，那麼，他一定是一位高效率人士。

方法四，學會充分授權

要相信每一個人的工作能力，相信每一個同事都有自己的強項，列出你目前工作中可以授權的事情，把它們寫下來，找適當的人來授權。

方法五，帕雷托法則

又叫二八定律或二八法則，最早是由 19 世紀義大利經濟學家帕雷托（Vilfredo Pareto）提出。

其主要內容是指：社會上 20% 的人占有 80% 的社會財富；

20％的人身上集中了人類 80％的智慧；20％的強勢品牌，占有 80％的市場份額；企業 80％的利潤來自 20％的專案，來自20％最忠誠的客戶，來自於 20％最優秀的行銷人員；人類社會20％的資源，支配 80％的生產活動；這個世界上，永遠有 20％的人在花錢買時間，80％的人在無償賣掉屬於自己的時間。

因此，要把注意力放在 20％的關鍵事情上，根據這一原則，我們應當對要做的事情分清輕重緩急。

在一次實驗課上，教授在桌子上放了一個玻璃罐子，然後從桌子下面拿出一些正好可以從罐口放進罐子裡的鵝卵石。教授把石塊放完後問他的學生：「你們說這個罐子是不是滿的？」

「是。」所有的學生異口同聲地回答。教授笑著從桌底下拿出一袋碎石子，把它們從罐口倒下去，搖一搖，問：「現在罐子是不是滿了？」

大家都有些不敢回答，一位學生怯生生地細聲回答：「也許沒滿。」

教授不語，又從桌下拿出一袋沙子，慢慢倒進罐子裡，然後又問學生：「現在呢？」

「沒有滿！」全班學生很有信心地回答說。是的，教授又從桌子底下拿出一大瓶水，緩緩倒進看起來已經被鵝卵石、小碎石、沙子填滿的玻璃罐。

一個平常的玻璃罐就這樣裝下了這麼多東西，但如果不先把最大的鵝卵石放進罐子，也許以後永遠沒機會把它們再放進

去了。如果你的時間裡只放了大的鵝卵石，而沒有放碎石子、細沙子和水，則說明你是一個主動丟棄時間的人，更談不上管理你的時間。其實，在職場每個人的工作時間是相同的，只是有一些人一開始就主動放棄了原本屬於自己的時間，還有些人放錯了時間的順序，其實我們完全可以像往玻璃罐裡放東西那樣，把時間級別分成 A、B、C、D，按照「輕重緩急」進行合理的分配，確定先後順序，做到不遺不漏。

A 級：緊急的、具有不可預測性、有一定的挑戰性、並且重要的事情。

B 級：很重要的、不可替代的事情，可根據自己對這類事的定位來安排時間的分配。

此等級的事情當前不需要馬上完成，但又非做不可，容易在不急的心態中被人遺忘，在最後關鍵時刻演變成 A 級別事件，如每個季度的工作述職報告。

C 級：時間上緊迫、但並不是很重要的、可以委託其他人代勞或授權給下屬。

這類事情如果錯過了處理的最佳時間，也許會對以後造成麻煩，所以就算是委託了其他人或者授權給下屬，也需要特別注意處理的最佳時間，否則會耽誤你更多的時間。如每年一度的全國性招募活動，如果錯過了報名的最佳時間，將很難補救，其實報名是一個時間上比較緊迫事情，委託其他人代勞或授權也要注意處理的最佳時間。

　　D 級：屬於時間上不緊迫也不是很重要的事情。這類事情完全可以授權或委託別人做。

　　比如，你是製造業的行政經理，廠區的環境綠化完全是按照現代化工廠的標準模式設計，現在想讓廠區的「綠化」工程做得更漂亮一些，比之前的標準設計做得更好一些，這類事情和企業其他職能部門的工作相比（如發薪資、消防安全、應徵人才、員工激勵等），比較不具急迫性，可以考慮委託或授權其他人去做。

方法六，麥肯錫 30 秒電梯理論

　　麥肯錫公司曾經為一家重要的大客戶做諮詢，當諮詢快要結束的時候，專案負責人在電梯間裡遇見了對方的董事長，該董事長問麥肯錫的專案負責人：「你能不能說一下現在的結果呢？」由於該專案負責人沒有準備，沒有在電梯從 30 層到 1 層的 30 秒鐘內把結果說清楚，該董事長很不滿意。最終，麥肯錫失去了這個重要客戶。

　　從此，麥肯錫公司吸取了這次沉痛的教訓：要求員工凡事要在最短的時間內把結果表達清楚，要直奔主題、直奔結果。麥肯錫認為，一般情況下人們最多記得住一二三點，而很難記住四五六條，所以，凡事要歸納在 3 條以內。這就是如今在商界流傳甚廣的「30 秒電梯理論」。

方法七，莫法特休息法

《聖經新約》的翻譯者詹姆斯·莫法特（James Moffatt）的書房裡有 3 張辦公桌：第一張擺著他正在翻譯的《聖經》譯稿；第二張擺的是他的一篇論文原稿；第三張擺的是他正在寫的一篇偵探小說。莫法特的休息方法就是在第一張辦公桌上工作幾個小時後，到第二張辦公桌上繼續工作，他把「到第二張辦公桌上工作」則視為是自己的休息。可見，莫法特休息的方法則是到另一張辦公桌上休息。

其實，這種方法常常被運用在農業領域，有一種「間作套種」的方法是農業上比較常用的科學種田法。如果我們在同一塊田地裡，連續幾季都種相同的農作物，土壤的肥力就會很快下降，因為同一種作物吸收的是同一類養分，長此以往，田地的肥力就會枯竭。

人的腦力和體力也是這樣，如果每隔一段時間嘗試著變換不同的工作內容或工作環境，也會產生新的刺激和興奮，同時神經中樞能從作用於機體的大量刺激中選擇最強、最重要、符合自己目的和願望的一部分，使相應區域的興奮狀態占優勢，由此在大腦皮層中形成優勢興奮灶，而原來的興奮灶則得到抑制，這樣人的腦力和體力就可以得到有效調劑和放鬆。而恰恰這種調劑和放鬆也是一種科學的休息方法。

成為跑在時間前面的人

　　有很多職場人，從早忙到晚，可謂是忙上忙下，忙左忙右，大多時候還要在工作 8 小時以外繼續忙碌，每天的工作以「手忙腳亂」的狀態持續進行著，這樣的現象表明，這個人的時間管理是有問題的，只能說他是一個態度很好、而且很勤奮的人，但卻又是一個缺乏時間管理的人。

　　時間的供給沒有任何彈性，時間給每一個人的分配都是均等的，不論你的時間需求有多大，供給都不會因為任何理由而增加，優秀的時間管理人員和平庸的時間管理人員每天要工作 8 小時，為什麼還有優秀和平庸之分？

　　我發現，優秀的時間管理人員上班後的第一件事情就是思考自己今天的 8 個小時如何分配，他們往往會從時間的原始價值著手，認清自己的時間要用在什麼地方，然後減少非生產性的工作和臨時的工作占用自己的時間。」基本的步驟是：

　☑　步驟一，理性地分析自己擁有的時間；

　☑　步驟二，分配並嚴格管理自己寶貴的時間；

　☑　步驟三，跑在時間前面，提前按計畫完成每一項工作。

　　我所在的公司每個季度都要召開季度工作會議，管理層的每個人都要在季度工作會議上做 15 分鐘的工作彙報，但在彙報前我們需要花 4 個小時寫這份季度工作彙報，如果我們每次抽出 30 分鐘，每週 3 次，大概要 3 週才能完成，雖然總時間

超過了 4 個小時，但這份彙報的品質我們恐怕難以想像。但是如果能夠關起門來，關掉電話，連續寫上 4 個小時，一份漂亮的工作報告就寫出來了，一氣呵成大快人心啊，不但對自己的季度工作做了一個有系統的總結，而且合理地運用了時間。

我們每個人要想保證屬於自己的時間充分被運用，就必須能將時間做整塊使用。如果將時間分割開來使用，縱然總時間相同，結果時間也肯定不夠。

因為每個人都是時間的消費者，要想不浪費時間，我們必須成為走在時間前面的人。

彼得·杜拉克（Peter Ferdinand Drucker）在《卓有成效的管理者》一書中寫了這樣一個關於時間管理的案例，對我的觸動很大。如下：

我曾在某銀行擔任顧問工作兩年，研究該行高層管理的結構。這家銀行的總裁，應該是我認識的主管中最善於管理時間的了。兩年間，我每月與他會談一次，每次他都只給我一個半小時。而且每次會談，他都先有充分的準備，因此我也不能不事先準備。我們談話的內容，每次僅以一個主題為限。在我們談到 1 小時 20 分時，這位總裁開始催我了：杜拉克先生，我看我們該做個結論了，也該決定下一次談什麼主題了。一個半小時的時間一到，他就站起來跟我握手再見。過了大約一年，我終於忍不住問他：總裁先生，為什麼我們談話時，每次你都以一個半小時為限？他回答說：原因很簡單，我的注意力只能

維持一個半小時。不管研究什麼問題，超過了這個限度，我的談話就沒有任何新意了。而且，我還知道，如果時間太短，不夠一個半小時，我恐怕會掌握不住問題的重心。

每次會談，我發現從來沒有電話打進來，他的祕書也從來沒有推門進來說什麼大人物等著見他。有一天我問起這一點，他說：我的祕書知道，在我思考問題時，絕不許任何人來打擾。只有兩個人是例外：美國總統和我夫人。但是，美國總統很少來電話，而我夫人也深知我的脾氣。所以，任何大事，祕書都要等我們談完後才來告訴我。然後，我再以半小時接聽電話、接待訪客。當然，你知道，我這樣安排也是一種冒險，說不定在我們談話時，真會有什麼天大的事等不及一個半小時呢。

不用說，這位銀行總裁，在我們每月一次會談中辦成的事，遠比任何一位同樣能幹卻天天開會的管理者多得多。然而，即使像他這樣一位自律極嚴的管理者，也常常得至少花費一半時間來處理許多次要而不一定有意義的事，以及許多身不由己的事，例如，接待順道來訪的重要客戶，參加不一定非他參加不可的會議，批閱不必由他批閱的公文之類。

由此可見，統一安排自己一天的工作，可以有效地支配時間，絕不要沒有計畫而忙碌。來自歐美的時間管理專家已經證實，僅提前計劃一天的工作，就可以為每天增加 25％的生產率，或獲得額外的兩個小時。有時，這樣一份行動計畫甚至能

夠改變整個團隊的工作效率，使其變得更加高效。

　　做任何事情都需要時間的保障，時間成了做任何事情必備的條件。時間是一種稀有的資源，是非常有限的，所以我們一定要成為跑在時間前面的職場人。

支點 05
千里之行始於足下

只想不做是空想

　　在職場上要想取得成功，僅靠知識是不夠的，因為學歷不再是搏擊職場的唯一通行證；僅有口才不夠，因為不會說話的人也可能成就一番偉業；僅有機遇不夠，因為時勢只能造就一時的英雄。

　　職場菁英大多受過良好的教育，富有智慧，也不缺目標，更不缺計畫，但唯獨缺的是能夠堅持到底的毅力和堅決執行的行動力。職場的起點一定不是口號；職場的過程也一定不能是浮雲；職場終點更不能是一種想像；職場的歷程只能是一種具體的行動。沒有付出行動的職場永遠都會蒼白無力，誰擁有超強的行動力，誰將主宰一切。

　　一個人的命運不會因為你計劃了多少而改變，而會因你做到了多少而改變。行動的真正意義是個人成功路上每天都要重複的標準動作。

　　行動是人的存在和發展的前提。恩格斯（Friedrich Engels）說：「人是唯一能夠由於勞動而擺脫純粹動物狀態的動物——他的正常狀態是和他的意識相適應的，而且是要由他自己創造出來的。」

　　行動不一定成功，不行動注定失敗。成敗和行動一定有關係，而且不是一般的關係，是「誰」決定「誰」的關係。愛默生（Ralph Waldo Emerson）告誡我們：「當一個人年輕時，誰沒有空想過？誰沒有幻想過？想入非非是青春的專利。但是，我的青年朋友們，請記住，人總歸是要長大的。天地如此廣闊，世界如此美好，等待你們的不僅僅需要一對幻想的翅膀，更需要一雙踏踏實實的腳！」不要只是想著採取行動，而是要「採取正確的行動」！

　　做一百個決定，不如一個行動；再淵博的知識，不如一個行動；再好的想法，也要付出行動才又可能實現。當人們還在爭論到底是行動重要還是知識更重要的時候，管理大師彼得‧杜拉克（Peter Ferdinand Drucker）冷靜地斷言：「管理是一種實踐，行動大於知識。」

　　《老子》第六十四章：「合抱之木，生於毫末；九層之臺，起於累土；千里之行，始於足下。」春秋時期，著名的哲學家老子根據事物的發展規律提出謹小慎微和慎終如始的主張，他主張：「處理問題要在它未發生以前。治理國家要在未亂之前。合抱的大樹是細小的幼苗長成，九層的高臺是一筐一筐泥土砌成的，千里遠的行程不管路有多難、多崎嶇，都是一步步用腳走出來的。」可見，再遠的路也是一步一步走出來的。

　　有一位大家耳熟能詳的人物，在他25歲那年，不辭勞苦，歷時18年，行程5萬里，到印度取真經657部，一生譯經1,335

卷，成為中國歷史上偉大的法相宗創始人、思想家、哲學家、翻譯家、旅行家、外交家、中外文化交流的使者，他的足跡遍布印度，影響遠至日本、韓國以至全世界。這個人就是唐代著名高僧玄奘，他為中國、亞洲乃至世界人民做出了重要貢獻。

玄奘法師的經歷告訴我們，只有一個人承擔起一份責任或使命的時候，才會受到人們的尊重；當一個人用畢生的時間和精力把自己應該承擔的使命或責任，化為行動一步一步走出來的時候，這個人將會讓所有人對他肅然起敬，這個人的人格將會是偉大且有魅力的！

行動大於知識，行動勝過一切

有位科學家曾做過這樣一個實驗：在只有窗戶開啟的半密閉房間裡，將 6 隻蜜蜂和 6 隻蒼蠅裝進一只玻璃瓶中，把瓶子平放在桌上，瓶底朝著窗戶。然後，觀察蜜蜂和蒼蠅會有什麼樣的舉動。

科學家發現，蜜蜂們會不疾不徐地在瓶底徘徊，認為能找到出口，直到力氣用光後落下或餓死；而蒼蠅們則會不停地在瓶中「橫衝直撞」，牠們在瓶中的飛行速度明顯高於蜜蜂，不到兩分鐘，就穿過另一端的瓶頸逃逸出去。

蜜蜂們以為，囚室的出口必然在光線最明亮的地方，只需花點時間，一定會找到出口。於是，牠們不疾不徐地行動著，等待牠們的結果是死亡。而蒼蠅們卻成功地逃離了，關鍵不在

於牠們有什麼特長、智商多高，而在於牠們不斷地「橫衝直撞」，懂得快速行動、求得生存。

這個實驗對我們的啟示是：遇到問題，就要馬上想出解決之道，在最短的時間內付出行動。特別是面對生存問題，我們沒有時間去想太多。

有三個旅行者徒步穿越喜馬拉雅山，他們一邊走一邊談論一個話題，凡事必須付諸實踐的重要性。他們聊得津津有味，以至於沒有意識到天太晚了，等到飢餓時，才發現僅剩的食物只有一塊麵包。

他們決定不討論誰該吃這塊麵包，而要把這個問題交給上帝來決定。這天晚上，他們在祈禱聲中入睡，希望上帝能發一個訊號過來，指示誰能享用食物。

第二天早晨，太陽昇起，三個人醒來，他們各自談了自己的夢。

第一個旅行者說：「我做了一個夢，夢中我到了一個從未去過的地方，享受了畢生難得的平靜與和諧，這種感覺我一直夢寐以求卻從未得到。在那個樂園裡面，一位長著長長鬍鬚的智者對我說：『你是我選擇的人，你從不追求快樂，總是否定一切，為了證明我對你的支持，我想讓你去品嘗這塊麵包。』」

第二個旅行者說：「真奇怪，在我的夢裡，我看到了自己神聖的過去和光輝的未來。當我凝視這即將到來的美好時，一

位智者出現在我面前，對我說：『你比你的朋友更需要食物，因為你要領導許多人，需要力量和能量。』」

第三個旅行者說：「在我的夢裡，我什麼都沒有看見，哪兒也沒有去，也沒有看見智者。但是，在夜晚的某個時候，我突然醒來，吃掉了這塊麵包。」其他兩人聽後非常憤怒：「為什麼你在做出這項自私的決定時不叫醒我們呢？」

「我怎麼能做到？你們倆都走得那麼遠，找到了大師，發現了如此神聖的東西。昨天我們還在討論採取行動的重要性，只是對我來說，老天的行動太快了，在我餓得要死時及時叫醒了我！」

拒絕拖延的 8 個步驟

人才學家哈里克說：「世上有 93％的人都因拖延的陋習而一事無成，這是因為拖延能殺傷人的積極性。」

社會學家庫爾特‧勒溫（Kurt Zadek Lewin）曾經提出了「力量分析」的理論。他說：「有這麼一群人一輩子都踩煞車，比如被拖延、害怕和消極的想法捆住手腳；有的人則是一路踩著油門呼嘯前進，比如始終保持積極的心態和把工作做到位的精神。」

凡事拖拉的員工一定不會受到老闆賞識。一個人若想在職場中生存和發展的更好，就應該把自己的腳從煞車踏板挪開，把拖延的陋習徹底改掉。拖延時間，看似人的一種本性，實質

上是一種極其有害於工作和生活的惡習。

拖延是行動的天敵，行動是拖延的剋星。微軟前任總裁比爾蓋茲說：「凡是將應該做的事拖延而不立刻去做，而想留待將來再做的人總是弱者。凡是有力量、有能耐的人，都會在對一件事情充滿興趣、充滿熱忱的時候，就立刻去做。」

生活中經常有這樣的人，馬上做的事情非要「等一會兒」，當天該做的事情總要拖到明天……拖拉的人表面看起來非常著急，但行為上卻總是拖拖拉拉的，進度很慢，直到實在拖不下去了才開始臨陣磨槍。

美國帝博大學的心理學教授約瑟夫‧法拉利（Joseph Ferrari）把拖延者分成兩類：一類是「激進型」，其特徵是自信能在壓力下工作，喜歡把事情拖到最後一刻以尋求刺激；另一類是「逃避型」，這類人通常對自己缺乏自信，因害怕做不好事情而遲遲不肯動手。

看來，無論是激進型還是逃避型的拖延者，靠他人的勸導或提醒造成的作用微乎其微，關鍵還是要靠自己，下定決心擺脫拖拉的習慣，這需要很大的毅力才能完成。

試試我給大家的建議吧：

建議一，時刻提醒自己絕不等到明天

從前，有一位青年畫家把自己的作品拿給大畫家柯洛（Jean-Baptiste Camille Corot）請教。柯洛指出了幾處不滿意

的地方。「謝謝您。」青年畫家感激地說，「明天我一定全部修改。」「明天？」柯洛激動地問，「為什麼要等到明天？您想明天才改嗎？對一個年輕人來說，做什麼事都得把握眼前，容不得半點拖延！」人們就是因為總以為還有明天，而不珍惜今天！連今天都不珍惜，還談什麼以後呢！所以，絕不要等到明天！

建議二，不要給自己任何拖延的理由

比爾蓋茲說：「過去，適者生存；而在今天，只有最快處理完事務的人能夠生存。」如果你存心拖延逃避，能找出成千上萬個理由來辯解事情無法完成的原因，而對事情必須完成的理由卻想得少之又少。

「我很累了，應該休息一下，剩下的工作明天再做吧。」

「現在下雨了，我改天再去吧。」

「現在有人約我出去，改天再做吧。」

當受惰性的控制，不想去做某些事情的時候，自然而然地就為自己找到了類似上述的藉口，然後獲得心理安慰，心安理得地把這件事丟在一邊了。事實是這些事情你早晚還是要去做的，找藉口的結果無非是想拖延這些事。

建議三，相信自己，每天進步一點點

有自信的人會由自己掌控一切事情，然後樹立一個夢想，為之行動，絕不拖延。如果你自認高人一等，就一定出類拔

萃，即使第一枚獎章還未頒發，你已獲得難得的自信，你已懂得隨夢想起飛。偉大的夢想讓人隨之成長，渺小的希望讓你永落人群之後。生命的戰爭並不總青睞於所謂的強者，或早或晚，贏得勝利的人是相信自己可以的人。這類人為了自己夢想每天都在行動，每天都會進步，而不會以「我現在能力不夠，等以後再說」類似的藉口拖延。

建議四，消除內心的恐懼

拖延的惡習來自內心深處的恐懼感，以下為兩種心態：

心態一，恐懼失敗。有人覺得凡事似乎拖一下，就不會立刻面對失敗了，而且還可以自我安慰：我會成功的，只是現在還沒有準備好。同時，拖延能為失敗留下臺階，拖到最後一刻，即使做不好，也有藉口——在如此短的時間內能有如此表現已經是很不錯的了。

心態二，恐懼不如人。有人做事拖到最後，能不做便不做了，既消除了做不好低人一等的恐懼，還滿足了虛榮心，因為他可以告訴別人，「換成是我的話，做得肯定比他們好。」

建議五，做好自己的時間管理

拖延是一種很壞的工作習慣。由於惰性心理，得過且過，今天該做的事拖到明天，現在該打的電話等到一、兩個小時後才打，這個月該完成的報表拖到下一月，這個季度該達到的進度要拖到下一個季度等。

帶著拖延的念頭工作，只會使你感覺工作壓力越來越大。能拖就拖的人心情總不愉快，總覺疲乏，因為應做而未做的工作不斷給他壓迫感 —— 拖延者常感到時間不夠的壓力。因此，做好時間管理十分必要。按照計畫分配好時間，這一分鐘該做的事不要拖到下一分鐘還沒開始；這一小時該完成的任務不要延續到下一個小時，按部就班地完成計畫。這樣做能避免拖延的惡習，使你的工作更高效，生活更輕鬆。拖延並不能節省時間和精力，剛好相反，它使你心力交瘁，疲於奔命，不僅於事無補，反而白白浪費寶貴時間。

建議六，堅守自己的計畫，從心拒絕拖延

一旦你給自己制定了計畫，就要嚴格遵循。凡事嚴格按計畫行事，不要變來變去。拖延會侵蝕我們的意志和心靈，消耗我們的能量，阻礙我們的潛能發揮。處於拖延狀態的人，會陷於一種惡性循環之中，從而影響每一天的生活與工作。試著用心理暗示保持對生活的熱情與工作的新鮮感，從內心開始拒絕拖延。

建議七，找他人監督

怠惰是人之常情，但不幸的是它抑制了人們的覺醒能量，而且會逐漸侵蝕我們的信心和力量。惰性並不是什麼特別恐怖或美妙的東西，反之，它只是我們生命中的一種基本特質，我們必須如實地面對它、經歷它。也許我們會在惰性裡發現令人

焦躁不安的特質，感覺上它似乎是遲鈍、沉重的，或許也是脆弱而魯莽的。無論意識到的是什麼，只要進一步探索下去，一定會發現到一股無所依恃的能量。為了不讓這種能量占據我們身心的全部，這就需要藉助外力，當「犯懶」時，需要一個人在一旁「鞭策」我們，提醒我們正在被怠惰「侵蝕」，該是「戰鬥」的時候了。

建議八，預防拖延症

拖延症指的是做任何事情都有嚴重的、非必要的推遲行為的症狀。嚴重的或經常拖延行為，常常是一些深層問題的表現。這種嚴重的拖延現象現已成為管理學家和心理學家研究的一個重要課題。在國內，眾多拖延症患者能夠獲取的專業心理學指導很少，對這一「頑症」束手無策。據加拿大卡爾加里大學調查顯示，80%～95%的職場人認為自己有拖拉習慣，50%的職場人認為拖拉影響工作和生活，儘管拖延可以暫時緩解焦慮，但有調查顯示，每年有40%的人因為拖延蒙受經濟上的損失。看來，我們要向「拖延」挑戰了，預防拖延症並與這個惡習鬥爭到底。

一切的結果都源於行動

行動不一定有結果，但不行動一定不會有結果。無論你如何思考，無論你思考了什麼，也不論你思想的水準有多高，都不可能只透過思考不採取行動而獲得結果，結果只能從行動中獲得！

　　有一個中年人，不僅落魄不得志，還天天做白日夢——沉浸在「運氣好、中樂透、發大財」的幻想中。於是，他每隔兩三天就到教堂祈禱，而且禱告詞幾乎每次都一樣。

　　第一次到教堂時，跪在聖壇前，他虔誠地低語：「上帝，請念在我多年來敬畏您的分上，讓我中一次樂透吧！」幾天後，他又垂頭喪氣地來到教堂，同樣跪著祈禱：「上帝啊，為何不讓我中樂透？我願意更謙卑地服從您，求您讓我中一次樂透吧！」

　　又過了幾天，他再次出現在教堂，同樣重複他的祈禱。如此周而復始，不間斷地祈求著。直到有一天，他跪著道：「我的上帝啊，為何您不曾聆聽我的祈禱呢？就讓我中樂透吧，只要一次，僅此一次，讓我解決所有困難，我願終身侍奉您……」

　　就在這時，聖壇的上空發出一陣莊嚴的聲音：「我一直在聆聽你的禱告，可是——最起碼，你也該先去買一張樂透吧！」一個沒有行動的人，連上帝也幫不了你。

　　人們常說：「不管黑貓白貓，抓住老鼠就是好貓。」我覺得它揭示了一個基本道理：一個差的結果也比沒有結果強！也許這就是，惠普前任總裁卡莉（Carly Fiorina）主張「先開槍，後瞄準」的原因吧，一切從行動開始，拒絕空談。行動創造結果，結果來自行動，重要的是，在每次行動中我們要有一個明確的方向、堅定的信念、相信自己，然後朝著這個方向奮鬥不懈，一定會得到自己想要的結果。

支點 06
心態的力量

心態影響追求

　　心態是一個人在某種思想觀念支配下的一種心理狀態，是對某種事物發展的理解和反應，而表現出不同的思想狀態和觀點。美國前總統亞伯拉罕・林肯（Abraham Lincoln）曾說：「我一直認為，如果一個人決心獲得某種幸福，那麼他就能得到這種幸福。」

　　有一位窮苦的牧羊人替別人放羊為生，養活兩個年幼的兒子。有一天，他帶著兩個兒子，趕著羊群來到一座草木豐盛的山坡上，正巧一群大雁鳴叫著從他們頭頂飛過，並很快消失在他們的視野裡。牧羊人的小兒子問父親：「大雁要去哪裡？」牧羊人說：「牠們要去一個溫暖的地方，度過寒冷的冬天。」大兒子眨著眼睛羨慕地說：「我要是也能像大雁那樣飛起來就好了。」小兒子也說：「要是能做一隻會飛的大雁該多好啊。」

　　牧羊人沉默了一會兒，然後對兩個兒子說：「只要你們想，你們也能飛起來。」兩個兒子試了試，都沒能飛起來，他們用懷疑的目光看著父親，可是，牧羊人肯定地說：「你們現在還小，只要不斷努力，將來一定能飛起來，飛到想去的地方。」

　　當年的聖誕節，牧羊人帶回一個「蝴蝶」玩具給兩個兒

子，告訴他們，這是飛螺旋，能在空中高高地飛，弟兄倆有點懷疑，因為在他們意識裡，只有鳥才能飛翔，這個「蝴蝶」玩具能飛起來嗎？

於是，牧羊人當場做了實驗：只見他先把上面的橡皮筋扭好，一鬆手，「蝴蝶」就發出嗚嗚的聲音，向空中高高地飛去。兄弟倆這才相信了，除了鳥這種帶翅膀的動物之外，人工製造的東西也可以飛上天。牧羊人又一次肯定地對弟兄倆說：「你們還小，只要不斷努力，將來就一定能飛起來，飛到想去的地方。」

兩個兒子牢牢地記住了父親的話，並一直為這個目標努力著。等到他們長大 —— 哥哥 36 歲，弟弟 32 歲時，他們果然飛起來了，因為他們發明了飛機。這兩個人就是美國的萊特兄弟。

心態影響能力

心理學家埃里希‧弗洛姆（Erich Fromm）曾經做過一個試驗，他把 10 個人帶到一間黑暗的房屋內，要求這 10 個人排著隊從一條木板上走過（從 A 端走到 B 端），這 10 個人輕鬆快捷地從木板上走了過去。

這時，弗洛姆開啟了木板下方的一盞小燈，這 10 個人才發現，原來木板下面是一條河，河裡面還有水，剛才走過的木板其實是搭在河兩岸之間的一座橋。接著，弗洛姆又要求剛才

過橋的 10 個人再次過木橋（也就是要從橋的 B 端再走回到 A 端）。可是只有 7 個人勇敢地接受了任務。

當這 7 個人勇敢地從橋的 B 端走到 A 端的時候，弗洛姆又在橋的下方開啟了一盞很明亮的大燈，這 7 個人在這盞明亮大燈的照射下，清楚地看到，這條橋下的水中竟然有四條凶惡的鱷魚。正當這 7 個人有點害怕的時候，新的任務又來了，弗洛姆要求剛才過橋的這 7 個人再從橋上走回來（再從 A 端走回 B 端）。這個時候只有 3 個人敢接受了任務。

第一個人躡手躡腳、小心翼翼地走，生怕驚動了鱷魚，比剛才過橋的時間多花了一倍並被嚇得幾乎神志不清、大汗淋漓；第二個人哆哆嗦嗦地走了不到一半再也不敢往前走了，嚇得趴在橋上嚎啕大哭；第三個人只走了兩步就選擇放棄，返回到起點。

這時候弗洛姆便開啟了橋下橋上所有的燈，大家這才發現，在橋和鱷魚之間還有一層網，一層很安全的網，人是永不會掉到池子裡的，其實他們是安全的。弗洛姆接著又一次讓這 10 個人過橋，結果所有的人都輕鬆地排隊走過了木橋。

可見，橋並不難走，但是大家過橋的能力卻被當時的「心態」影響了。所以，能否成功過橋的關鍵就是心態，心態影響能力。

心態影響生理

　　為什麼有些人在緊張的時候，會出現手心冒汗、想上廁所等生理現象？一個名為「死囚試驗」的心理學實驗揭示了這個生理原因。

　　試驗開始，把死囚關在一個屋子裡，蒙上死囚的眼睛，對死囚說：「我們準備換一種方式讓你死，我們將把你的血管割開，讓你的血滴盡而死。」然後開啟一個水龍頭，讓死囚聽到「滴答、滴答」的聲音，告訴死囚：「這聲音就是你的血在滴。」

　　第二天早上開啟房門，這個死囚死了，臉色慘白，一副血滴盡的模樣。其實他的血一滴也沒有滴出來，他被嚇死了。

　　他為什麼會死呢？這是一種心理的作用，也許是犯人自我輸入一個暗示：血流盡了，我就死了。所以，他認為自己在「滴答」聲中一步步接近死亡，一段時間後，他認為血流盡了，他被自己恐懼的心理嚇死了。心理作用的影響力足夠大。這個「死囚試驗」揭示的原理就是心態影響生理。

心態影響習慣

　　在《晉書·祖逖傳》中記載了這樣一個故事，晉代的祖逖是個胸懷坦蕩、具有遠大抱負的人，可他小時候非常淘氣，也不愛讀書。長大後，祖逖意識到自己知識的貧乏，深感不讀書無以報效國家，於是發奮努力，廣泛閱讀書籍，認真學習歷

史，從中獲得了豐富的知識，學問大有長進。祖逖曾幾次進出京都洛陽，認識的人都說他是個能輔佐帝王治理國家的人才。

祖逖 24 歲的時候，曾有人推薦他去做官，他沒有答應，仍然不懈努力地讀書。後來，祖逖和幼時的好友劉琨一同擔任司州主簿。他與劉琨感情深厚，不僅常常同床而臥、同被而眠，而且還有著共同遠大的理想 —— 建功立業，復興晉國，成為國家的棟梁之才。

一次，半夜裡祖逖在睡夢中聽到公雞鳴叫，他一腳把劉琨踢醒，對他說：「別人都認為半夜聽見雞叫不吉利，我偏不這樣想，我們乾脆以後聽見雞叫就起床練劍如何？」劉琨欣然同意。於是他們每天雞叫後就起床練劍，劍光飛舞，劍聲鏗鏘。

春去冬來，寒來暑往，從不間斷。皇天不負苦心人，經過長期的刻苦學習和訓練，他們終於成為能文能武的全才，既能寫得一手好文章，又能帶兵打勝仗。不久後，祖逖被封為鎮西將軍，實現了他報效國家的願望；劉琨做了都督，兼管並、冀、幽三州的軍事，也充分發揮了他的文才武略。這也是成語「聞雞起舞」的由來。

科學家做過這樣一個有趣的實驗，把跳蚤放在桌子上，一拍桌子，跳蚤立即跳起，跳起的高度超過其身高的一百倍以上。接著，在跳蚤頭上罩一個玻璃罩，再讓它跳，跳蚤碰到玻璃罩彈了回來。如此連續多次以後，跳蚤每次跳躍都保持在罩頂以下的高度。然後再逐漸降低玻璃罩的高度，跳蚤總是在

碰壁後跳得低一點。最後，當玻璃接近桌面時，跳蚤已無法再跳。科學家移開玻璃罩，再拍桌子，跳蚤還是不跳。這時的跳蚤已從當初的「跳高冠軍」變成了一隻跳不起來的「爬蚤」。

　　這種心態影響習慣的例子不勝列舉。魯迅先生有「隨便翻翻」的讀書習慣，使他看書著迷，成為偉大文學家；華羅庚有「刻苦自學」的習慣，成為著名的數學家；「孤獨的長跑者」有「孤獨的長跑」習慣，成為了馬拉松冠軍。

　　可見，有什麼樣的心態就會有什麼樣的行為與結果。

調整心態的 13 個方法

改變別人，不如改變自己	你改變不了環境，但可以改變自己；你不能控制他人，但可以掌握自己；你不能樣樣順利，但可以事事盡心；你改變不了事實，但可以改變態度；你改變不了過去，但可以把握現在；你不能左右天氣，但可以變換心情；你不能選擇容貌，但可以展現笑容
縮小差異保證結果	人與人之間原本只有微小的差異，但這種微小差異帶來的結果往往差異巨大。導致這種結果差異的，正是你的心態，心態決定結果
生命的本質在於追求快樂	亞里斯多德曾說，使得生命快樂的途徑有兩條：第一，發現使你快樂的時光，增加它；第二，發現使你不快樂的時光，減少它

活在當下	在享受工作的過程中，爭取讓每一天都變得精彩，因為明天和意外到底哪一個先來，從來沒有人能預測。試想一下，如果我們把每一天都當作生命中的最後一天，情況又會怎樣
合理分配資源	在《涇野子內篇》一書中，記錄著這麼一個民間故事，西鄰有五子，一子樸、一子敏、一子矇、一子傴、一子跛；乃使樸者農，敏者賈，矇者卜，傴者績，跛者紡；五子皆不愁于衣食焉。意思就是，西鄰居有五個兒子，一個兒子性格樸實無華，一個兒子機智敏捷，一個兒子是瞎子，一個兒子駝背，還有一個兒子跛腳。長大後，這位鄰居就讓性格樸實的兒子務農；機智的兒子去經商；瞎眼的兒子去卜卦算命；駝背的兒子搓麻繩；跛腳的紡紗；這樣五個兒子都衣食不愁。這個故事的題目就叫「西鄰五子食不愁」
把工作「當成帶薪學習的愉快過程」	如果你把工作想像成一件很痛苦的事情，你一定是痛苦的；如果你把工作想像成一件快樂的事情，你一定是快樂的。在工作中不要怕苦、也不要怕累，用積極的心態去面對工作。在工作中不斷學習、不斷成長，不斷提高自己的工作能力，把工作當成帶薪學習的過程

剛柔並濟 張弛有道	事物過於強大，必然會轉向發展，因此為了避免滅亡，應該使自己處於柔弱的狀態。據說，老子曾經問他的一個學生：「牙齒和舌頭誰硬？」學生說：「牙齒硬。」老子張開嘴讓學生看：「牙齒硬，但是已經一個都不在了，舌頭軟，現在還完好無缺。」老子以此教育學生懂得物極必反的道理，最好是堅守柔弱的地位，剛柔並濟
樂觀豁達 積極向上	一次，美國前總統羅斯福的家中被盜，丟失了許多東西。一位朋友聞訊，忙寫信安慰他，勸他不必太在意。羅斯福給朋友回一封信：親愛的朋友，謝謝你來安慰我，我現在很平安，感謝生活。因為，第一，賊偷去的是我的東西，而沒有傷害我的生命；第二，賊只是偷去我的部分東西，而不是全部；第三，最值得慶幸的是，做賊的是他，而不是我
時刻警醒自己，心態決定一個人的成敗	人的行為是受思想支配的，而一個人思想受到的教育、所處的環境和自身的人生觀、價值觀的影響。擁有良好心態的人，即使面對困難，也會樂觀地對待；而心態不好的人，即使身處順境也會怨天尤人

用老闆心態工作	心態比指標更重要，態度比經驗更重要。管理大師英特爾總裁安迪・葛洛夫說道，無論你在哪裡、從事什麼樣的工作，都應該把公司當成自己的，而不是老闆的，抱著老闆心態、抱著強烈的責任感去工作，你的成功率就會大一些
正確理解「責任感」的意義	責任感有兩層意義：一是指分內應該做的事，如職責、盡責任、崗位責任等；二是指沒有做好自己的工作，而應承擔的不利後果或強制性義務。工作時的心態決定著你對企業的付出，同時也決定著企業對你的回報。如果一個員工沒有責任感，只是把自己當成一個打工者，他就永遠不會做出什麼好的業績。一個不肯對自己負責的人，就更不會對企業、對老闆、對執行負責
用習慣去成就心態	養成一次就把事情做好、做對的職業習慣，摒棄在工作中的「差不多就好」習慣，全心全意做事
不要過分追求完美	以良好的心態對待每一件事情，這關係到未來

支點 07

支點 07
別讓情緒控制你，更別讓壓力折磨你

控制情緒還是被情緒所控制？

　　情緒是個體對外界刺激的主觀、有意識的體驗和感受，具有心理和生理反應的特徵，包括喜、怒、哀、愁、思、驚、恐七種。如果以上七種行為在身體動作上表現得越強，說明其情緒越強；如果表現得越弱則說明情緒越弱。

　　如果一個人的心理狀態是喜，那麼他的行為或表現形式會是眉開眼笑、手舞足蹈；如果一個人的心理狀態是怒，那麼他的行為或表現形式會是怒髮衝冠、咬牙切齒；如果一個人的心理狀態是愁，那麼他的行為或表現形式會是愁眉不展、茶飯不思……

　　無論在任何情況下，人的情緒不可能被完全消滅，但可以進行有效疏導、控制和管理。請大家回憶一下，在工作中，自己的情緒是怎樣的狀態？你是在遊刃有餘、有條不紊、主動地控制著你的「情緒」，還是每天都焦頭爛額、被動地讓情緒控制？

　　如果你的心情沒有處理好，請不要做任何事情，否則你做事情的結果，就會像你的心情一樣糟糕。所以，在職場中每天都要時刻謹記「先處理心情再處理事情」的情緒控制法則，堅持這樣做，一定會受益良多，因為，久而久之你就會養成一種良好的情緒控制習慣。

職場「情緒」產生的原因

　　產生職場「情緒」的原因有：環境變化、期望落差、個性差異、利益保護、不受尊重、擔心虐待、掩蓋真相等。

　　申偉是一家 IT 公司的專案經理，他性格開朗、善於表達、做事雷厲風行，是一個典型的支配型經理。

　　有一次，他負責的專案需要和公司另一個部門合作，而和他對接的是一個剛到公司不久的職場新人。兩個人經常在一起討論問題，這個職場新人的想法很多，看待問題有自己獨到的見解，但是性格很固執，並且自我感覺良好，經常滔滔不絕地說了一大通，但似乎沒有實質性的內容和有價值的建議。

　　面對這個「初生牛犢不怕虎」的職場新人，申偉幾次險些沒控制住自己的情緒，簡直無法忍受這個職場新人一意孤行的行為，本想狠狠地教訓他一頓，可轉念又想，自己在職場工作這麼多年，豈能和一個初入職場的新人斤斤計較。申偉最終成功地控制了自己的情緒，心平氣和地對這個職場新人說：「為了節省時間，我們在討論之前各自把自己的觀點羅列出來，這樣爭來爭去也不是辦法。」職場新人照辦了，在下一次的討論時，兩個人很快找出了關鍵問題，並達成共識，找到了解決問題的方案。

　　這是一個典型的由個性差異導致對方產生職場「情緒」的案例。假設申偉沒有及時管理和控制自己的情緒，而是大發脾氣，情況又會怎樣？

尋找情緒控制的最佳解決方案

　　每個人的情緒有 4 種最基本的表現，包括快樂、憤怒、恐懼和悲哀，這四種情緒表現在每個人身上都時刻存在，只是控制情緒的高手能夠根據現實的需求進行有效的控制。

　　我們可以這樣理解：把快樂、憤怒、恐懼和悲哀分為四個等份，並用四個字母表示出來，則是 A 快樂 25%、B 憤怒 25%、C 恐懼 25% 和 D 悲哀 25%，如果把你每天的職場情緒狀態，用這道選擇題來表示，你會怎麼選？有些人會是 ABCD 全選或者任意選兩三個；有些人會單選，只選這四個答案中的任意一個。

　　答案有很多，但是都不是我們想要的，更不是我要給大家推薦的，因為我要給大家推薦的職場情緒最佳狀態的答案，不在以上的答案之中，在哪裡呢？當然逃不過這四種表現，但是每種表現各占 25% 的比例要改變，我把它分為四個狀態。

　　最理想狀態：A 快樂 100%，B 憤怒 0、C 恐懼 0 和 D 悲哀 0。這種狀態很難做到，但一定是我們每個人追求的理想狀態。

　　最佳狀態：A 快樂 85%，B 憤怒 5%、C 恐懼 5% 和 D 悲哀 5%。這種狀態只有少數的優秀職場人能夠做到，他們不僅可以把更多的快樂帶給大家，同時也能讓自己憤怒，恐懼和悲哀的情緒狀態不斷減少，可見職場情緒的控制和管理就是調整這四種狀態在職場表現的比例。

　　這類人能在職場上擁有如此的情緒狀態，並不是他們擁有的比較多，而是計較的比較少。這類人能讓快樂放大，從而影

響他人；能夠放下的比較多，不爭不搶；考慮別人的多，考慮自己的少。

最一般狀態：A 快樂 55％，B 憤怒 15％、C 恐懼 15％和 D 悲哀 15％。這是大多數職場人的情緒狀態，他們有牢騷、有恐懼、還有悲傷，只是這三項消極的情緒狀態會少一些。雖然是少一些，但是這三項消極的情緒經常和那項積極情緒相互抗爭，抗爭中會很糾結，會做出選擇，會念中生念，會做錯事、走錯路，當然也會在抗爭中體會到一些成就感、愉悅感，增加閱歷和經歷。其實這個抗爭過程就是成長的過程和修練的過程。

最不理想狀態：A 快樂 25％、B 憤怒 25％、C 恐懼 25％和 D 悲哀 25％。這種狀態的職場人就是典型的被情緒控制著的人，他們每天都感到焦頭爛額，始終處在一種「被情緒」干擾的狀態之中。

顯然，如果是這個比例，那麼他的快樂會很少，積極的、正面的情緒也會很少，而負面消極的情緒會一直伴隨著他，影響他的工作、人際交往、情感……很多機會就會離他遠去。如果以這種狀態在職場競爭，結果是輸還是贏，也就不言而喻了。

這樣看來，情緒控制高手不是沒有悲傷、憤怒、恐懼、脾氣，而是讓負面情緒在自己的情緒記憶體裡停留時間最短的人，是能讓負面情緒瞬間釋放並轉化成動力的人，是在職場不亂發脾氣的人。一個人真正的成熟是心智的成熟、情緒的成熟。心智和情緒是一個人在職場自我管理、自我成長的必修課。

有效控制情緒的 13 個方法

冷靜	不要低估任何人，更不能高估自己。多肯定讚美別人，遇到激發自己情緒發生的事情時一定要冷靜，杜絕職場中的衝動行為，「衝動是魔鬼」，極有可能做出自己無法挽回的事情
懂得放下	不要太在乎自己的面子，懂得放下才會收穫。別總把自己當回事，其實你並沒有那麼多觀眾。更不要沉溺幻想，也不要庸人自擾。學會放下，像海綿裡的水，攢得越緊，丟得越多。無論是職場還是人生，更多時候過程比結果更重要
不要太自我	凡是從大局出發，不要以自己為中心，始終懷有謙卑的心態，切忌自我陶醉。俗話說，「棒打出頭鳥」。做事不要強出頭，你可能沒有自己想像的那麼堅強
寬恕	學會寬恕傷害自己的人，他們也有難言之隱，寬入別人等於解放自己
多讀書	英國哲學家法蘭西斯·培根曾說，讀史使人明智，讀詩使人靈透，讀文使人善辯，數學使人精細，物裡使人深沉，倫理使人莊重。
快樂相伴	人生在世，當然要活得快樂，這樣才懂得生命的意義。如果一個人對自己只有悲觀的認知，那麼你已經掉入了難以自拔的情緒陷阱

客觀	不片面理解事物的實際情況和本質
轉移	離開「被情緒」的環境，從視覺、聽覺、觸覺、感覺上徹底轉移
忍讓	明明是對方錯，對方硬說是你的錯，你能夠很善意地接受這個非常不合理的認錯，這是忍。明明你對，別人硬說你不對，你善意地向對方懺悔，這是讓。寒山問拾得：「世上有人謗我、欺我、辱我、笑我、輕我、賤我，我當如何處之？」拾得曰：「只要忍他、避他、由他、耐他、不要理他，再過幾年，你且看他。」對無關大局的小爭執，忍讓是解決問題的最佳方法，讓人和人的關係變得更和諧
擺脫	記住自己的信條，堅決和心魔爭鬥到底，停止言語、降低能量、衝破束縛、獲得重生，採取不同的方法遠離負面情緒
淡化	淡化自己之前堅決的態度，稀釋無法控制的情緒，向自己的堅持適度妥協
習慣	用良好的習慣去管理自己的情緒
接受	接受對方錯誤的觀點、無理取鬧，其實你不會有太大的損失

支點 08
尋找成長的引擎

聚焦的力量

　　聚焦，就是當自己定位準確之後，把自己的時間、精力、財力、物力等可支配的資源和關係聚集到同一個點上，然後不斷地聚焦、聚焦、再聚焦。聚焦，產生巨大的力量，就像在太陽底下，拿著一支放大鏡，將太陽光的能量聚集在火柴頭上一樣，隨之將產生巨大的熱量。而恰恰這種「聚焦的力量」會讓你所有的行為「事半功倍」，也正是這股力量將會成就在職場中打拚的你。

　　聚焦原理是指放大鏡具有聚光作用，它把陽光聚到同一個點上，隨著不斷聚焦光，熱量也在不斷增加，當熱量達到了火柴的燃點時，火柴就燒起來了。相信很多人都玩過這個聚焦遊戲。

　　如果一個公司能夠聚焦於一個行業，它的強度和影響力將數倍擴大。如搜尋的聚焦，讓人們記住了 yahoo；淘寶的聚焦讓人們記住了 eBay；汽車的聚焦讓我們記住了裕隆；房產的聚焦讓我們記住了遠雄。如果一個人能夠在自己的專業上聚焦，他的能力會倍增，成績會驚人。如李安的聚焦讓我們記住了《少年 Pi 的奇幻漂流》。

聚焦是一種成就自我的方法

　　在中國傳統文化中，聚焦的方法是一直被提倡和推崇的。《荀子‧勸學篇》：「故不積跬步，無以至千里；不積小流，無以致江海。騏驥一躍，不能十步；駑馬十駕，功在不捨。鍥而舍之，朽木不折；鍥而不捨，金石可鏤。」

　　這段話的意思是，不累積小步，就沒有藉以遠達千里的辦法，如果不一小步一小步地走下去，如何能走千里路；不匯聚細流，就沒有藉以成江海的辦法，如果不形成小小的溪流，又如何形成寬廣的江海湖泊呢？千里馬盡力一跳，也跳不出 10 步的距離，劣質的馬拉車走 10 天，也能走很遠，牠的成功在於不放棄。如果半途而廢，即使是一塊爛木頭，你也刻不斷；只要你一直刻下去不放棄，哪怕是金屬、石頭，都能雕刻成功。荀子的這段話是教育學生們：學習永無止境，想做成一件事必須要學會專注，學會聚焦。專注就是要專心致志，心無旁騖，目不兩視，耳不兩聽，精神專一，不拋棄、不放棄，對目標執著地去奮鬥。自問，是否很專注地做過一件事？全身心地投入，只想做好一件事，這種聚焦的感覺你體會過嗎？

　　對職場人士來說，專心是做好本職工作的最基本要求，在專心的基礎上，投入更多的時間、精力就能做到專注。只有這樣，你才能在所在領域擁有一技之長，在此基礎上再聚焦，你就可以成為專家。可見，職場的成功貴在聚焦。

聚焦是一種為人處世的風格，一種素養，更是一種能力。人最可悲的事情是什麼？答案是：「不聚焦」。今天忙這件事，明天忙那件事。三天打魚，兩天晒網，最後一事無成。

聚焦的強大力量能使一個人的潛力發揮到極致。一旦達到這種狀態，你就不再有自我的概念，所有的精力集中到一點，成功便指日可待。水滴石穿需要恆力，並非一日之功。聚焦是一種方法、一種態度，做任何事情，哪怕再小、再不起眼、不需要什麼技巧與能力，也要聚焦。

大鐵球的故事

一位成功的企業家在即將退休之際，應很多人的要求，公開講述了自己一生取得多項成就的奧祕。會場裡座無虛席。奇怪的是這位即將退休的老者只是在講臺前方吊了一顆很大的鐵球。觀眾們都莫名其妙，這時 2 位工作人員很吃力地抬上來一個大鐵錘，放在老者的面前。老者請 2 位身強力壯的年輕人，用剛抬上來的這個大鐵錘去敲打吊在講臺前方的鐵球，並要求敲到讓這個大鐵球擺動起來為止。一個年輕人搶著掄起大錘，全力地向那吊著的鐵球砸去，可是鐵球卻一動不動。另一個人接過大鐵錘把鐵球打得叮噹響，可是鐵球仍舊一動不動。

這時候，臺下人議論紛紛，很多人認為那顆鐵球肯定動不了，這時，老人從上衣口袋裡掏出一只小錘，對著龐大的鐵球敲了一下，然後停頓一下再敲。人們奇怪地看著，老人持續地

重複剛才的動作。10 分鐘過去了，20 分鐘過去了，會場開始騷動，甚至有些人想要離開。老人不理睬，繼續敲著……

　　大概在老人敲到 40 分鐘的時候，坐在前面的一個婦女突然尖叫一聲：「球動了！」霎時間會場鴉雀無聲，人們聚精會神地看著那顆大鐵球，竟然以很小的幅度擺動了起來，不仔細看很難察覺。鐵球在老人一錘一錘地敲打中越蕩越高，場上爆發出一陣陣熱烈的掌聲。在掌聲中，老人轉過身來，慢慢地把小錘揣進兜裡，給大家鞠躬便離開了。

　　老人用小錘就可以敲動的球卻不能被年輕人用大錘敲動，足以看出：要想讓球動起來不是純粹靠力量，而是靠方法，把小錘每次投入的所有力量在一定的時間範圍內有效地聚集起來，把所有的時間、精力、信念、力氣都集中到一個點上，讓這些零散的微小的力量在有序地聚焦、重複和堅持下有效地發揮作用，並讓這些作用在瞬間放大、倍增，這就是「聚焦的力量」。

李安的「聚焦」成為華人的驕傲

　　李安，1954 年 10 月 23 日生於屏東縣潮州鎮，父親是一所中學的校長，治家甚有古風、教子極為嚴格。李安於 1975 年從國立藝專戲劇電影系畢業，曾獲臺灣話劇比賽大專組最佳男演員獎，並曾拍攝兩部 8 毫米電影《星期六下午的懶散》、《陳勤的一天》。

　　1978 年他執意要去美國伊利諾伊大學攻讀戲劇系，當中學校長的父親強烈反對。父親給李安算了一下成才比率：要和 5 萬個人爭奪 200 個角色，何況還有語言國籍等障礙，前途實在渺茫。儘管如此，24 歲的李安在父親的強烈反對下還是去了美國。

　　他先在伊利諾斯大學攻讀戲劇導演並獲戲劇學士學位，後又前往紐約大學學習電影製作，獲得電影碩士學位。在紐約大學學習期間，他拍攝了《追打》、《我愛中國菜》和《揍藝術家》等 16 毫米短片作品。

　　1982 年，他拍攝的《蔭涼湖畔》獲紐約大學獎學金及臺灣主辦的獨立製片電影競賽獎 —— 金穗獎最佳短故事片獎。

　　1984 年，李安以《分界線》作為其畢業作品，從紐約大學畢業。

　　之後，李安因沒能找到一份與電影有關的工作，依靠仍在攻讀伊利諾大學生物學博士的妻子林惠嘉微薄的薪水度日，成為家庭主夫，他包攬所有家務，買菜、做飯、帶孩子，將家裡收拾得乾乾淨淨，為了不放棄自己的夢想，每天在家裡大量地閱讀、看電影、還埋頭寫劇本。李安這個家庭主夫做得非常出色，還練就一手好廚藝，就連丈母娘都誇獎：「你這麼會燒菜，我來投資給你開餐廳好不好？」但是李安很清楚自己的夢想，一心聚焦電影。日後回憶起這段難熬的生活，李安至今仍記憶猶新：「我想我如果有日本丈夫的氣節的話，早該切腹自殺了。」就這樣，在拍攝第一部電影前，李安在家中當了 6 年

「家庭主夫」。

1990 年，李安完成了劇本《推手》，獲臺灣優秀劇作獎。該劇本不僅為李安贏得 40 萬元獎金，還使他獲得第一次獨立執導影片的機會。

1992 年，他親自執導的處女作《推手》問世，在臺灣獲得金馬獎最佳導演等 8 個獎項的提名，並獲得最佳男主角、最佳女主角及最佳導演評審團特別獎。此外，該片還獲得亞太影展最佳影片獎。

1993 年，他的第二部電影《喜宴》推出。這是一部完全以好萊塢模式製作的華語電影，上映後贏得一致好評。該片在柏林電影節上榮獲金熊獎，在西雅圖電影節上獲最佳導演獎，並獲得了金球獎和奧斯卡獎最佳外語片提名，榮獲第 30 屆金馬獎最佳作品、導演、編劇獎以及觀眾投票最優秀作品獎。從此，李安在國際影視界聲響猛增，一舉躍入世界知名導演行列。

1994 年，他執導拍攝的第三部電影《飲食男女》獲得奧斯卡最佳外語影片提名，第三十九屆亞太電影展最佳作品、最佳剪輯獎，第七十七屆大衛格里菲斯獎最佳外語片獎，並獲獨立製作獎和第七屆臺北電影獎優秀作品獎，列 1994 年臺灣十大華語片第一名。

1995 年，他執導了第一部英語片《理智與情感》。獲得 7 項奧斯卡金像獎提名，包括奧斯卡最佳影片提名，該片摘下奧斯卡「最佳改編劇本」獎，並獲得柏林影展「金熊獎」及多

項英國學院獎。他還被評選為全國影評協會和紐約電影評論家協會最佳導演。李安對電影的駕馭得到國際的認可，本片的成功使李安在國際影視界聲譽大振。李安因此進入到好萊塢 A 級導演行列。

1997 年，李安又開始改編瑞克‧莫迪（Rick Moody）的小說《冰風暴》，這部影片也贏得了坎城影展「最佳編劇」獎。

此後，李安轉而嘗試拍攝反映美國內戰的影片《與魔鬼共騎》，這部美國西部片並沒有引起大的反響。

2000 年，他拍攝《臥虎藏龍》，榮獲第 73 屆奧斯卡最佳外語片等 4 項大獎；第 54 屆英國電影學院將最佳外語片等 4 項大獎；第 37 屆金馬獎最佳劇情片等 6 項大獎；第 20 屆香港電影金像獎最佳影片等 9 項大獎。

2005 年，拍攝《斷背山》，獲威尼斯影展金獅獎，並獲英國電影和電視藝術學院、金球獎、美國製片人協會、影評人票選獎與獨立精神獎等團體及影展，授予最佳影片與最佳導演獎。在第 78 屆奧斯卡金像獎中獲得 8 項提名，最終榮獲最佳導演、最佳改編劇本與最佳電影配樂 3 項大獎。在獲得奧斯卡最佳導演獎領獎的時候，李安提起因在《斷背山》籌備期而未趕回臺灣見父親最後一面時幾度哽咽。因為自 1978 年和父親吵完架之後到《斷背山》領獎的 20 多年間，李安父子的對話不超過 100 句。

2007 年，李安執導了張愛玲原著《色戒》的同名電影。

2008 年完成《胡士托風波》後，2012 年的《少年 Pi 的奇幻漂流》，拍攝手法質樸自然，對白風趣幽默，情節細膩別緻，劇情圓融流暢，再次成功地獲得奧斯卡最佳導演獎。

李安致力於探討傳統與現代的倫理矛盾、東方與西方的文化衝突，為華語電影開闢了新的表現領域。執導外語片亦同樣能深入、準確地掌握歐美文化心理，成為當今國際影壇聲名最盛的華人導演。

李安導演外表文靜儒雅甚至有點害羞，而他最為可貴之處在於：其儒雅的外表背後，隱藏著一種剛毅、勇敢、執著的探索精神，這種探索精神來源於他對電影的熱愛和追求。其實一個人的成功光靠熱愛和追求是遠遠不夠的，因為在當今社會，擁有追求和夢想的人比比皆是，為什麼他們沒有成功呢？答案其實很簡單，他們缺少一種方法 —— 聚焦。

在這個世界上，有成功態度的人很多，但是，擁有成功方法的人卻很少。李安恰恰兩者都具備，他曾遇到過無數次挫折，曾忍受過致命的打擊，但是他從未忘記自己的追求，這就是聚焦。60 年來李安只做一件事，除了拍電影還是拍電影，就連在家做 6 年家庭「主夫」，他還是想著電影。最終，李安成為一名優秀的導演，拍出許多經典作品，讓他人無法超越。

李安就是運用了「聚焦」這個有巨大力量的方法，將所有時間、才華、人力、物力、情感都聚焦到一個點上，其產生的強度和能量將會數倍放大，這就是「聚焦的力量」。

習慣是飛馳的列車，慣性使我們無法停頓地衝向前方

好習慣，壞習慣

習慣是一個人長期形成的思維方式、處世態度，是由一再重複的行為形成，具有很強的慣性。習慣會像車輪一樣不由自主地轉動，是久而久之養成的行為方式。

俗話說，「少年若天性，習慣成自然。」一個人總以某種固定方式行事，便能養成一種習慣。無論是好習慣或壞習慣都是在不知不覺中形成的，習慣一旦養成就會根深蒂固。當然，更可怕的是壞習慣比人的天性還要頑固。習慣之始，如蛛絲，習慣之後，如繩索。習慣，輕易支配著那些不善於思考和意志力低下的人們。

美國心理學家威廉・詹姆斯（William James）對習慣有一段經典的註釋：「種下一個行動，收穫一種行為；種下一種行為，收穫一種習慣；種下一種習慣，收穫一種性格；種下一種性格，收穫一種命運。」可見，習慣可以在有意願、有目的、有計畫的、強制的重複性行為中形成，也可以在無意識的狀態中形成。好習慣通常是由前者形成，而壞習慣則是在無意識的狀態中形成，這是好習慣與壞習慣的根本區別。

在工作和生活中，好習慣會給人帶來成就感、滿足感，因為好習慣形成的行為表現會在工作和現實生活中及時地得到同

事的讚賞和學習。而壞習慣形成以後，要改變它是十分困難的，俗話說，「江山易改，本性難移。」從根本上說，養成一個好習慣或改掉一個壞習慣都不是輕而易舉的事。

改掉致命的 10 個壞習慣

壞習慣 1：抱怨

　　有時候，職場人總喜歡喋喋不休地抱怨自己的工作、上司，甚至客戶，但卻似乎從未意識到，他們目前的處境在一定程度上是咎由自取。這些人從一開始就只注意到那些消極的東西，並因此覺得命運總是對自己不公。如果工作上出了岔子，他們的第一反應是責怪「老天」故意刁難自己；然後抱怨公司沒有給予自己足夠的資源或者同事沒有積極配合。這類員工永遠不滿意自己的工作，但卻不願為改變現狀努力付出。總是期望從公司和同事中獲得更多，就像只有發個指令、掀動按鈕、才會動一下的「機器」員工，沒有人會欣賞這樣的人，更沒有老闆願意接受。

　　每個人都會發牢騷或是抱怨幾句，一旦將此變為習慣，也就離丟飯碗不遠了，這些行為會造成同一個後果，那就是變成上司的心頭之患。千萬不要忘記，你上司的職責之一就是要保持整個團隊高昂的戰鬥力。因為「消極的員工通常會被上司視為『腫瘤』，最終結果就是被『切除』」。若是在工作上有任何不滿情緒，好的方法就是私下和你的上司直接溝通，而不是抱怨。

壞習慣 2：虎頭蛇尾

「虎頭蛇尾」是一個成語，出自元·康進之〈李逵負棘〉第二折：「則為你兩頭白麵搬興廢，轉背言詞說是非，這廝敢狗行狼心，虎頭蛇尾。」

頭大如虎，尾細如蛇。比喻開始時聲勢很大，到後來勁頭很小，有始無終，做事不始終如一。現在看來，「虎頭蛇尾」既是一種批判又是一種諷刺。

在職場，只有把自己的工作切切實實做到位，做完整的人才會受歡迎，不要有一個很好的開始，卻沒有一個令人滿意的結尾。很多時候，工作是否執行到位，就相差一點，其結果卻有天壤之別。

俗話說，「行百里者半九十。」很多事情成敗往往取決於能否堅持並做好最後的「那麼一點」。如果不把工作中最後的「那麼一點」執行好，很可能功虧一簣，之前的努力也會付之東流。

1952 年 7 月 4 日的清晨，加利福尼亞海岸被一片濃霧籠罩。在海岸以西 21 英哩的卡塔林納島上，一位名叫佛羅倫薩·梅·查德威克（Florence May Chadwick）的 34 歲婦女跳入太平洋，向加州海岸游去，她即將完成自己的又一次挑戰。此前，查德威克已經橫渡了英吉利海峽，並且是完成這一壯舉的第一位女性。而現在，查德威克又在挑戰一項新的世界紀錄，要是她今天挑戰成功，她也將是第一個橫渡卡塔林納海峽的女性。

　　當天天氣十分不好，溫度很低，海水刺骨，她凍得全身發麻。一開始她忍受著冰冷的海水遊得十分出色，有幾次，鯊魚靠近她，被護送人員發現後，立即開槍將鯊魚嚇跑了，查德威克也漂亮地躲過了鯊魚的進攻。其實，查德威克既不擔心鯊魚，也不擔心體力問題，但她有一個大麻煩：在瀰漫的大霧中游泳，幾乎看不清護送她的船隻，這讓她感覺少了點什麼，心裡莫名恐懼。時間一分一秒地流逝，她一直不停地游著。15 個小時後，她又冷又累，決定不再往前游了，喊船上的工作人員拉她上船。她的母親和教練在另一條船上，告訴她離海岸很近了，鼓勵她說：「你已經堅持了 15 個小時，你非常棒。」但她朝加州海岸望去，除了茫茫的大霧，看不到任何東西。但在教練的鼓勵下，她又堅持遊了幾十分鐘，最後她叫道：「拉我上去，我真的游不動了。」於是人們把她拉上了船。遺憾的是她上船的地點，離加州海岸只有不到半英哩！這是她一生中唯一一次沒有堅持到底，虎頭蛇尾的挑戰。

　　上岸幾個小時後，查德威克的身體漸漸暖和，並從疲勞的狀態中恢復過來，才開始為自己的失敗感到沮喪。她接受記者採訪時說：「說實話，我不是在為自己找藉口，假如當時看見陸地，也許就能堅持下來了。」在這件事過去之後的一段時間裡，她對別人說：「令我中途放棄的不是疲勞，也不是寒冷，而是因為我在濃霧中看不見目標。」但是不管怎樣，她這次挑戰失敗了，很多人評論這是一場「虎頭蛇尾」的挑戰，太遺憾了。

　　兩個月後，查德威克捲土重來，再次橫渡卡塔林納海峽，這次她獲得了成功。不僅成為橫渡卡塔林納海峽的第一個女性，而且比男子紀錄還快了 2 個小時，她證明了自己。

　　即使是佛羅倫薩‧梅‧查德威克這樣罕見的游泳健將，也需要有明確的目標，更需要有堅持到底永不放棄的精神，絕不能「虎頭蛇尾」。還好，查德威克用實力證明了自己，否則她讓人記住的是「虎頭蛇尾」的查德威克，而不是橫渡卡塔林納海峽的第一個女性查德威克。

壞習慣 3：撒謊

　　馬克‧吐溫（Mark Twain）曾經說過：「當你拿不定主意時，就說實話。它將令你的對手感到窘困，令你的朋友感到釋然。」因此，心理學專家們的觀點是，不要輕易撒謊，哪怕是善意的謊言。

　　西方有位哲人曾經說過，「這個世界上只有兩樣東西能引起人內心深深地震動，一個是我們頭頂上燦爛的星空，另一個就是我們心中崇高的道德準則 —— 誠信。」可見，沒有什麼比內心的美更美麗無邪的了，而誠信恰恰是內心美的表現之一。

　　得到別人的信任是做就一件事的基礎。戰國時，秦孝公起用商鞅變法圖強。商鞅心想，怎麼才能讓人們相信變法是真的呢？他在都城南門豎起一根 3 丈高的木頭，說「誰能把它扛到北門去，賞黃金 10 兩。」沒有人相信這是真的，自然也就沒有人去扛。

商鞅把賞金一直加到 50 兩，終於有一天，一個壯漢把木頭扛到了北門，商鞅當場賞他 50 兩黃金。老百姓紛紛議論：商鞅言而有信，他的命令一定要執行。最終，商鞅變法成功，奠定了秦國富強的基礎。

撒謊是讓人很反感的行為，你希望同事都躲著你，不信任你嗎？也許撒謊的人根本就沒有想過要得到同事的信任，但「毫無疑問的是，掩蓋真相或是撒謊的習慣，無論大事小事，都會給職業生涯畫上一個悲慘的終止符。」

心理學家、暢銷書《安然度過個人危機》作者安・凱撒・斯特恩斯 (Ann Kaiser Stearns) 說：「一個謊言需要用更多的謊言來掩蓋，最終的後果是毀滅性的。」她補充說：「不論我們是在公司還是在銀行工作，無論是在學校裡學習還是軍隊中服役，無論是身處出版業還是從事慈善業，也無論是做建築還是做醫療，是在職場打拚或是在政府機關任職，一旦丟掉原則背叛僱主，就都不配再繼續留在職位上。」

調查顯示，90％的職場人都說過謊，撒謊就是隱瞞自己的真實思想，掩飾自己的真實感情，用謊話來欺瞞別人，從而達到自己的目的，是一種被唾棄的行為。

小斌是個非常活潑的人，雖在一家著名企業工作了 3 年，但是業績平平。有一天，上司找小斌談話，指出他在工作上的 3 個缺點：做事有點急於求成；做事情總是不找方法蠻幹；對客戶不夠誠實。小斌對他很是不滿。

正巧有一次，公司全體員工一起做拓展培訓，小斌有幸與公司總經理分到同一小組，活動期間他講話頭頭是道，在小組中表現突出，被選為小組長。並帶領小組獲得第一名的好成績，給總經理留下了好的印象。

中午各小組一起吃飯，總經理問小斌：「如果必須把你們部門的一個員工淘汰掉，你認為淘汰誰最好？」小斌滿嘴跑火車的老毛病又犯了，說道：「那肯定是我的上司。」

總經理詫異地追問是什麼原因？小斌回答說：「我的上司工作上是很出色，但是個人生活作風不檢點，有一次我經過一個地方，看到他和一個不是嫂子的人，去 ×× 酒店……」

這件事情，雖然小斌說者無意，但卻使總經理對小斌的上司有了看法，因為他很有可能是以後總經理的接班人，慎重行事一向是總經理的處事方式。為察核小斌的話，總經理便找了一個時間和小斌的上司談話。

果不其然，兩人因為這件事發生了衝突，引發強烈爭執，情急之下，總經理將小斌的原話說了出來，小斌被找到現場當面對質，原來是他故意報復而撒謊，謊言最終被戳穿。

而立之年的小斌因此失去工作，因為惡意撒謊被公司開除的事傳遍同業，新工作直到現在還沒有找到，每次想起那次撒謊的代價他都後悔不已。

美國前總統林肯曾經說：「你可以在一些時間內欺騙所有的人；也可以在所有的時間內欺騙一些人，但是你沒有辦法在

所有的時間內欺騙所有的人。」

壞習慣 4：遲到

遲到意味著對他人的不尊重，意味著你沒有與任何人商量就耽誤了他人的時間或者影響了他人的情緒。遲到意味著你不是一個守時的人，也有可能你是一個不誠信的人。

遲到可能發生在自己身上，也可能發生在別人身上；可能發生在上班的時候，也可能發生在開會的時候……表面上看，遲到是一個是否遵守時間的問題，但在今天「時間就是生命，效率就是金錢」的時代裡，可能就不是這樣簡單了。遲到的後果就其本身來說，耽誤的不僅是自己的時間，也浪費了別人的時間；不僅涉及一個人的職業操守，更展現工作態度。其影響的不僅是眾人對你的評價，還有可能因為遲到失去更多機會。

一名普通職員遲到 12 分鐘的經濟損失：月全勤獎 1,000 元；遲到一次罰款 100 元；年度全勤獎 5,000 元（每年 12 月底彙總考核，如果全年沒有遲到，就可以領到年度全勤獎），共計損失 6,100 元。

壞習慣 5：效率低下

科學管理之父泰勒（Frederick Winslow Taylor）曾經做過一個研究調查：他為一個充滿生氣的工人計時。這個工人每天上下班時可以每小時步行 3、4 英哩速度回家和上班。但這個工人一旦到了工作場所，就馬上會把速度減慢到每小時大約

1 英哩以內。例如，當他推一輛載重的獨輪車，上坡時走得很快，使載運時間越短越好，可在回程時卻慢下來，一小時只走 1 英哩路，盡量利用一切機會來拖延時間，只差沒有坐下來。為了使自己不比其他的懶漢多幹一點，他還故意慢慢走，甚至因此而感到厭煩。

　　試想一下，如果你的同事和你做同樣一件事情，他只需要 25 分鐘，而你卻需要 40 分鐘，那麼有誰喜歡和你共事？胡佛曾經這樣說：「你若不想變成同事們唯恐避之不及的人，那就不要在飲水機前跟人聊太久，保持辦公桌整潔有序，也不要在與本職工作無關的事情上花太多時間。」

壞習慣 6：不假思索亂說話

　　中國有句古話，「禍從口出」。開會時或在通訊軟體上講一些不得體的話會嚴重妨礙職業生涯，如果你經常「口不擇言」，那麼在辦公室裡就要多注意了。

　　某一天，A 在社交平臺發表言論指出：某專家 B 曾提出觀點，否認市面上存在回收地溝油。B 認為：「如果地溝油要處理到沒有異味，需要投入很大成本，回到餐桌上幾乎是不可能的。」

　　事實終究是無情的，所有假東西都會被事實揭穿。隨著生產銷售地溝油案件被偵破，「地溝油不可能回到餐桌」的說法也不攻自破。據報導稱，生產地溝油並非「需要投入很大成本」，而是「技術簡單，成本低廉，利潤很高」。

在這件事情上，B 對當時為何拋出那些令人莫名驚詫之論，並沒有做任何的回應，報導中也沒說明。這件事倒是再次為「專家」們敲響了警鐘：在事關公共利益問題上，既要大膽直言、暢所欲言，也要對科學負責、對公眾負責、對自己負責，絕不能無根據地說話。

如今，老百姓關注的熱點越來越多，總是有專家站出來發言。應該說，在許多問題上，專家之言揭示了事物本質，為解決問題提供幫助。但也有少數專家，說出來的話令人費解。但是都說明了一個問題：亂說話，危害大，專家亂說話，危害更大，既害了自己也害了別人，損害了自身的形象，又誤導了一般人。

壞習慣 7：不禮貌

「我們從小就知道，待人接物要有禮貌。」當你跟別人拿東西時要說『請』；當別人給你東西時要說『謝謝』；如果你不認識別人，先自我介紹；如果要打斷別人說話時要先說『對不起』。禮貌很重要，別給人留下粗魯的印象。如果你實在找不到什麼好話說，那就乾脆什麼也別說。

許多中小學的穿堂設有大鏡子，提醒過往師生隨時注意儀容儀表，要求學子們擁有整潔合適、積極向上的儀容儀表以及平和、寬仁的處世態度，提醒學生注意修身養性，提高自身道德情操。

壞習慣 8：沒有責任心

責任是一種態度，對工作沒有責任感的人，很難把工作做好。其實在職場中「職位的名字叫責任」，每一個職位都有很多的工作，五花八門、非常繁瑣，我們會執行很多工作指令，落實很多工作細節。每個職位，不同的工作有不同的職責，都需要嚴肅對待，承擔責任，這才是有責任心的工作態度。

有責任心的人一定會努力、認真地工作；有責任心的人一定會做事細緻，聽從安排，肯於合作；有責任心的人做每一件事都會堅持到底，不會中途放棄，說到做到；有責任心的人一定會按時、按質、按量完成任務，解決問題，能主動處理好分內和分外的相關工作，有人監督與無人監督都能主動承擔責任而不推卸責任。

公司設定的每一個職位工作構成了公司的整體運作，是公司營運過程中不可缺少的環節。在自己的職位上，就要按照職位要求做好自己分內的工作，這是最基本的工作要求，是職位責任所在。

壞習慣 9：藉口太多

推卸、逃避、搪塞、敷衍、刻意解釋、尋找藉口，在工作中隨處可見。很多時候我們不經意地尋找各種理由和藉口，在潛意識裡認為這是一種很平常的行為，所以不在意，慢慢地就形成習慣，表現出一種不負責任的工作態度。當然，在某些特

定的環境下，可能需要一些解釋或者藉口，但面對你的工作，面對你的責任，就應正確地對待，勇敢地面對，否則，一旦形成習慣，很難改變，甚至當你想改的時候，已經沒有機會了。

廈門大學文學教授易中天在電視臺做了歷史節目，成為學術明星，隨著節目熱播，也出版了很多圖書。任何事物，既然有人褒，肯定也有人貶。有人支持易中天，也有一些人反對他。

因此電視臺邀請易中天上談話性節目，接受觀眾的提問，其中有一位現場觀眾問道：「您上的節目和出版的書籍是不是準備不夠充分？您是一個專攻文學的教授，做歷史方面研究，是不是不夠專業？或者說應不應該更仔細一點，把它做得好一點？」

這是一個很尖銳的問題。易中天回答：「我坦白說，有倉促上陣的成分；不諱言書出得太快，錯了就認錯，這是一個教訓；由於出書速度過快，有些地方欠推敲或者欠準確，現在出版社正在處理。」易中天不愧是名校教授，回答問題很有大家風範。

在易中天坦然接受批評後，提問者感慨地說：「我本來是冒著被痛罵的危險來的，但今天的接觸後，我覺得易老師人品很好，是在認真負責地做事，以後要改口稱他為易中天老師了。」

易中天是知名教授，在眾人面前勇於承認自己的錯誤，這是需要勇氣的。同時如果沒有很強的責任心，他是不會這樣說的。

　　這件事也告訴我們，不管你的水準有多高，都會有犯錯誤的時候，但當錯誤出現時，你要做的第一件事是要承認錯誤，而不是尋找各種藉口和理由。當然，也許你會認為易教授應對這個問題的反應是一種最好的回答方式，也許別人遇到類似的問題也會這樣回答。既然我們認為這樣是一種好的回答，為什麼在平時的工作中經常喜歡找藉口呢？我想，應該是觀念和習慣的問題。

　　小王和小李是一家網際網路公司的同事。一天，小王打電話給辦事處小李：「前天給你寄了封電子郵件，要你把批發商的登記表按要求填寫回傳，寄了嗎？」小李回答：「電子郵件？我沒收到啊！什麼時候寄的啊？那你再寄一次吧。」其實小李是忘記做了，或者根本沒有看電子信箱。於是，小王只好又發一次，一邊發，心裡一邊罵：這個傢伙太不像話，別人都收得到，就他收不到。

　　小王寄了電子郵件以後便打電話過去詢問，小李說下午回覆。下午小王再打電話過去問：「我沒有收到你回覆的郵件，你寄了嗎？」小李回答：「寄了，寄了，中午就寄過去了，你沒有收到嗎？那我回去再寄一次，我正在和一個客戶談匯款的事情。」言外之意，是你沒收到，不是我沒寄，不關我的事，我現在很忙。其實，小王不提醒他，他根本就忘了這件事。

　　公司很多檔案都是透過電子郵件傳遞，但電子郵件卻有收不到的情況。雖然這種收不到的情況並不多見，但小李就是鑽

這個漏洞。

　　小李平時自由散漫慣了，在公司也是「老油條」，找個理由連想都不用想，隨時可以脫口而出。小李確實很會講理由，但這不是「聰明」的表現，而一種推卸責任、敢做不敢當的表現。不久後，公司的裁員名單上就有小李的名字，因為沒有一家企業願意留用一個為推卸責任而找各種藉口的員工。

　　習慣可以成就一個人，可以改變一個人，也可以毀滅一個人。別為了怕承擔責任而找各種「精彩」的理由，這樣對自己的職場成長是很不利的，習慣後就很難改變。「拒絕藉口，勇敢承擔」才是王道。

壞習慣 10：亂發脾氣

　　如果在職場亂發脾氣就預設了你是一個情商很低的人，當然情商高的人不是不發脾氣，而是可以控制或者有效地管理自己的情緒。所以說，人的行為是受意識調節和控制的，如果一個人意識到壞脾氣的危害，便可從內心產生改掉壞脾氣的意願。同時，要加強對自己情緒的控制能力，心中經常想到他人，尊重他人的利益和需求。

　　如果因工作而大發雷霆，則表明你無法在壓力下工作，或是不能承擔交予你的工作職責。解決之道是練習一些減壓技巧，比如冥想或是深呼吸練習等，同時也不要把生活中的問題帶到工作中。

　　「習慣」就是由一點一滴、循環往復、無數重複的行為動作養成的，好的習慣、壞的習慣莫不如此，只是結果不同。

　　人們每天有高達 90％ 的行為都是出自習慣的支配。可以說，幾乎在每一天所做的每一件事，都是習慣使然。在一個人的身上，好習慣與壞習慣並存，那麼，唯一能夠有效地改變生活的方法是去有效地改變自己的習慣。幸運的是，每個人都有這樣的能力。

養成良好習慣的 8 個步驟

　　從某種意義上說，克服一個壞習慣是比較艱難的，是考驗一個人的決心和毅力。培養一個好習慣是對人生最有價值的事情，因為好習慣會向保母一樣為你服務和效忠終生。

　　美國著名教育家賀拉斯·曼（Horace Mann）說：「習慣像一根纜繩，我們每天給它纏上一股新索，要不了多久，它就會變得牢不可破。」因為好習慣每天纏上一股，用不了多久就會支配你的行為。可以按照以下 8 個步驟，養成好習慣，改掉壞習慣。

☑ 步驟一，制定好習慣的行為規範；

☑ 步驟二，強行記憶好習慣的行為規範和細則；

☑ 步驟三，制定實施細則方案（包括執行時間、地點、監督人、自我獎勵方案等）；

☑ 步驟四，嚴格執行好習慣的行為規範；

☑ 步驟五，按好習慣的行為規範標準堅持 21 天或 21 次，不
　能間斷；

☑ 步驟六，在執行過程中要自律或者找監督人監督，如果執
　行期間執行人按照好習慣的行為規範標準做到了，則給予
　獎勵；如果未完成則處罰，獎勵和處罰可以是自己也可以
　是監督人；

☑ 步驟七，總結；

☑ 步驟八，鞏固。

支點 10
虎口脫險，原來是意志力發揮作用了

意志力的重要性

孟子說過：「天將降大任於斯人也，必先苦其心志，勞其筋骨，餓其體膚，空乏其身，行拂亂其所為，所以動心忍性，曾益其所不能。」

這段話的意思是：「上天將要降下重大責任在一個人身上，一定要先使他的內心痛苦，使他的筋骨勞累，使他經受飢餓，使他受貧困之苦，使他做的事顛倒錯亂，總不如意，透過那些來使他的內心警覺，使他的性格堅定，增加他所不具備的才能。」

這段話生動地揭示了意志力的重要性。一個人要想實現自己的理想，達到目的，要經受苦痛，勞累、飢餓，需要擔當，並擁有堅強的意志和克服萬難的精神。可見，意志力的重要性。

美國哲學家喬賽亞・羅伊斯（Josiah Royce）這樣說：「從某種意義上說，意志力通常是指我們全部的精神生活，而正是這種精神生活在引導著我們行為的方方面面。」

意志力的顯現

西元前 5 世紀，在一場古希臘城邦聯軍對抗波斯帝國的戰役中，一名受了傷的希臘勇士催馬飛奔，從馬拉松到雅典一口氣跑了 40 多公里，把戰勝波斯人的消息帶給同胞，正向主帥

遞呈重要信件時，這位勇士在馬上左右搖晃。主帥問：「您是不是受傷了？」勇士答：「我被打死了。」話音未落，墜落馬鞍而死。

　　我真正理解「意志力」這個概念是在 1994 年的秋天。那一年，我身為一名軍人，執行一項特殊任務，由於自然條件惡劣和自身經驗不足，我帶領的小分隊不幸陷入困境。

　　飢餓、將要失去的榮譽、懊悔、思念、任務、生命還有交織在一起的情感把我們折磨得死去活來。我們已經沒有任何東西可吃，而且在同一個地方似乎轉了好幾圈，幾乎在方圓 1 公里範圍內轉了整整一夜，怎麼也走不出去，下一步怎麼辦，誰都不清楚。瞬間，一切都變得那麼黑暗，那幾天的深夜來得都很快，我們在休整的時候，有戰友面對渺茫的沙漠和遙不可及的目標開始埋怨、指責，情緒竟然低落到想放棄任務和生命。

　　那時的我很無奈、無語，但更無助。正在我們陷入迷惘，連吵架的力氣都沒有的時候，前哨迅速告訴我，前方 100 公尺處發現狼群，並且已經展開攻勢，向我們襲來。當我正要下達守衛命令的時候，12 名戰友頓時屏住呼吸，火速進入作戰狀態，在默契的背靠背防勢動作中，準確找到了自己的位置，點燃起準備好的火堆。可是，誰又能想到聰明的狼群一直等到火堆完全熄滅後，才向我們發出了毀滅性的攻擊。

　　那一夜，狼群在嚎，我們在喊，場面觸目驚心，至今回想起來還會打冷顫。殊死狼戰打了一整夜，雖然所有人都受了

傷，但一個都沒少，最終我們贏得了勝利，還擁有一份豐盛的早餐。這時戰友們的臉龐上有淚水，有汗水，還有血……我們都會心地笑了，笑容中有默契，有感謝，有信任，有堅持，有團結，有苦痛，有希望，和從未體驗過的，一種由意志力支撐我們勝利的快感……

狼群的攻擊力是我們學習的榜樣，狼的單兵作戰力是訓練的科目之一，我們班號稱「尖刀班」，沒想到這回真和狼群打了一仗，很驕傲，也很自豪，微笑中，我們似乎體會到什麼是生死與共，什麼是勝利，什麼是喜悅，什麼叫團隊，什麼叫堅持，什麼叫意志力……

就在我們想起身前行的時候，我們幾乎同時發現，背後有許多棵「長一千年不死，死了一千年不倒，倒了一千年不腐」的千年神樹 —— 胡楊樹。雖然很多人都不知道它的存在，但是胡楊樹的精神卻非常值得團隊領導者探究和學習，胡楊樹之所以被當地人視為神樹，是因為它有著頑強的生命力，並且從不單獨生長，十分團結。

所以你只會看到死了的胡楊林或者活著的胡楊林。胡楊之所以能夠獲得尊重，是因為它已經用這種方式在地球上生存了6000 年，並且沒有滅絕。當我們看到胡楊樹的這一刻，所有人都開始思考應該怎樣走出困境，戰勝這個無人區，開始積極地商量如何才能完成這次至高無上的任務。

那是我第一次見到胡楊樹林，立刻對它們肅然起敬，這給

我留下了深刻的印象，終止了戰友之間的一切爭吵，直到現在。如果說狼戰的經歷給我們的是勇敢和團結，那麼胡楊樹給我們的便是真正的回味、思考、沉澱和成長。

這件事情已經過去快 20 年了，只要我們戰友聚會必談的話題便是「狼戰」與「胡楊」，雖然大家現在都從事不同的行業或職業，但是會經常聚會，總結分享，相互批評，更可貴的是我們組織了「胡楊之約」新疆塔克拉瑪干沙漠的徒步之旅活動，傳承這種「胡楊精神」，制定一個目標，用徒步的方式去挑戰生命的極限和體會生命以外的東西。

這些年，我們討論最多或者說思考最多的是什麼？應該是「到底是什麼讓我們堅持到最後」。我的直覺是有一種東西或許是精神力量在支撐著我們當時不放棄，其實，這種精神力量的來源就是意志力。可見，意志力是人類最珍貴的素養，是人格中的重要組成因素，對人的一生有重大影響。

意志力總是與人的感受、知識共同發揮作用，但不能因此而認為人的感受、知識等同於意志力，也不能把慾望、是非感與意志力混為一談。一個人可以違背他的意志力，聽憑他的感官來支配；也可以調動自己的意志力，使自己免受情感的擺布。意志力發揮作用的過程有時是為人們所熟悉的，而有時卻是以某種祕密的方式悄悄進行的。

一般來說，當一個人完全受意志力的支配後，就會感覺不到慾望、情緒和感官等力量的存在，意志力可能會完全地根據

道德倫理的標準採取行動；或者完全將道德問題擱在一邊，不去理會道德的要求，而根據其他某種因素來採取行動。

　　一個人的意志力代表其生活或做事的方式；意志力引導著自身，也支配著人身體的其他部分。意志力不僅是指下決心的決斷力，或用來感悟、理解的感受力，或進行構想的想像力；意志力是指所有進行自我引導的精神力量本身。

　　為什麼那些有巨大成就的人往往擁有超強的意志力？因為，人們要獲得成功必須要有意志力作保證。

　　如果想取得成就，意志力是僅次於智力的重要因素，由於智力來自遺傳，所以可以說意志力是決定能否有成就的第一要素。

意志力的練習方法

　　人的意志力有極大的力量，它能克服一切困難，不論所經歷的時間多長，付出的代價有多大，無堅不摧的意志力終能幫人達到成功的目的。如果你的意志力堅固得像鑽石一樣，並以這種意志力引導自己朝著目標前進，那麼，所面對的問題都會迎刃而解。

1. 耐心練習

　　早在 1915 年，心理學家博伊德·巴雷特曾經提出一套鍛鍊意志力的方法。把一盒火柴全部倒出來，然後一根一根地裝回盒子裡。他認為，這樣練習可以增強意志力，以便日後去面對

更嚴重更困難的挑戰。巴雷特的具體建議似乎有些過時，但他的思路卻給人以啟發。還有解繩子練習，找 5 根不同長度的繩子相互繞在一起並打上結，然後慢慢解開。

2. 毅力練習

（1）長跑

　　長跑在培養意志力的初期，效果會非常明顯，可是隨著身體的逐步適應，效果就會逐漸減弱，當然也可以用逐漸增加里程的方法，不讓效果減弱。如果你連續跑了 13 天，第 14 天沒跑，不要罵自己，而要對自己說：「雖然今天我暫時失敗了，但我堅持了 13 天，很好。明天一定要更加努力，這次要堅持比 13 天更長，我一定可以的。」長跑的目的不在於能夠跑多遠，而在於它是否能幫助你養成堅強的意志力，增加強度的目的也在於此，因此，訓練的標準不是非要跑多遠路程，而是要堅持多長時間。即使你增加的強度很小，但只要你能長期堅持下來，就能夠幫助你培養堅韌的意志力。

（2）書寫

　　每天堅持寫日記或者感想等，書寫不能停。書寫是一種習慣，是把自己的想法和心事抖落，既可以使自己理清思路、減緩壓力、也可使自己總結今天，展望明天。日有所記，記有所得，得有所悟，悟有所思，每日如此，善莫大焉！

3. 習慣練習

　　每天早上在紙上列出今天要做的所有事情，然後用 1 ～ 10 的數字來標出它們的重要性，按順序排列，然後選出最重要的 6 件做為你今天要做的事。寫下來，帶在身上，或者放在辦公桌上，堅持做這 6 件事，做完一件，就劃掉一件。如果都能做完，證明你度過充實的一天。這個方法簡單而有力。

　　美國學者米切爾‧柯達說：「以完成一些事情為目標來開始每天的工作是十分重要的，不管這些事情多麼微小，它會給人們一種獲得成功的感覺。」這種感覺無疑有利於毅力的激發。柯達的話對於我們做其他事情，也是有啟發的。

　　只有當人和他的意志力互相溝通，兩者融為一體的時候，這個世界才有驅動力。

4. 挑戰練習每天都要做 1 件自己不願意做的事，挑戰自己的內心。

- ☑ 每天做 1 件自己不擅長的事，從中尋找樂趣。
- ☑ 每天要堅持讀 1 篇文章。
- ☑ 每天堅持爬 7 層以上的樓梯。
- ☑ 每天堅持鼓勵 5 個人以上。
- ☑ 每天堅持做 1 件不求回報的善事。
- ☑ 每天自我肯定 3 次。
- ☑ 每天攻克 1 個困難。

　　心急吃不了熱豆腐。意志力的培養不是一兩天能夠實現的，需要一個長期的過程。

　　俗話說，「意志創造人。」大腦是你在這個世界上取得成功的唯一泉源。在大腦中，儲藏著取之不盡的財富。透過提高意志力，你可以獲得人生的富貴，擁有生活中的各種成就。這種意志之力默默地潛藏在每個人的身體之內。在這個世界上，真正創造人生奇蹟者是人的意志之力。意志是人的最高領袖，意志是各種命令的發布者，當這些命令被完全執行時，意志的指導作用對世上每個人的價值將無法估量。

　　成功者通常是意志力堅強的人；失敗者則是意志力薄弱的人。偉大的意志可以翻越任何一座高山、征服任何一個困難、創造任何一個奇蹟，可以讓你從一個勝利走向另一個勝利！

成於堅持，毀於放棄

　　有這樣一個故事：一個女孩 14 歲時，因家境貧寒而輟學，為了緩解家庭困難，也為了讓自己有口飯吃，她在一座小鎮上賣茶水。支 1 張小桌子，燒一大壺茶水，然後倒在杯子裡，1 毛錢 1 杯。她把茶水攤設在市場旁邊，市場人來人往，可她人小，攤位也小，太不起眼了。有時，1 天只賣出去幾杯，本錢都賺不回來。就這樣撤走？她不甘心！這可是自己第一次出來賺錢，豈能一分錢都賺不到就回去？別人能賺到錢，她想自己也一定能賺到錢。後來，小女孩把杯子換了，還是玻璃杯，只

是比別人的大一號，並且每隻杯子上蓋 1 塊方方正正的小玻璃片遮擋灰塵。只要有客人喝完茶，她都會上前問「夠不夠，不夠再添，不要錢。」客人放下杯子後，她便會耐心地、不厭其煩地洗杯、添水、蓋玻璃片……慢慢地，大家覺得她的茶水衛生，而且喝得過癮，光顧她攤子的人就多了起來。沒有人清楚 1 毛錢 1 杯的茶水能賺多少錢，肯定不是很多。不過，因為她的生意好，使家庭經濟狀況得到了改善。

女孩 17 歲時，原來的同行大多因為賣茶水收入低又繁瑣而另謀出路了。可她不想半途而廢，她最熟悉的事就是賣茶水，想一直這樣賣下去。但那時，已經沒什麼人喝 1 毛錢 1 杯的茶水了。口渴的人買瓶礦泉水，還能帶著走，非常方便。於是她想到了賣保健茶，她把攤位搬到城裡，賣當地傳統的風味擂茶。擂茶製作起來很麻煩，要加入草藥和許多配料，然後細細研磨。她每天都耐心地製茶，忙忙碌碌。剛開始，初來乍到，生意冷清。後來，她想起在小鎮上賣茶水的情形，便使用比別家「胖」了一圈的碗，1 碗賣 3 ～ 5 元。然後，她又比別人多一份耐心，配製出多種不同口味的擂茶。客人點什麼口味，她便當場研磨，細細加工，讓每一碗都能喝出獨特的風味。不久，她的小生意便做得比別人興旺。

20 歲時，小女孩變成大姑娘了，仍在堅持賣茶，只不過地點改在大都市，有了間小店面。這時已經進入品茶時代。她在店中央擺著張木雕茶几，每當有客人進門，她必耐心地泡

上熱乎乎的茶水請人免費品嘗，專心地聽茶商和客人講述各種茶葉的泡製方法。她還在店的一側設了廁所，凡是過往行人都能免費如廁，放鬆後還能喝上一杯由她親手泡製、香氣濃郁的茶水。客人盡情享受之後，出門時或多或少都會掏錢拎上 1、2 包茶葉。甚至有一種 8 克小袋裝的茶葉，客人只買 1、2 袋時，她也是笑臉相迎，對不買茶葉的客人也一樣躬盡情誼。慢慢地，客人和茶商都喜歡到她的店裡，並且，還培養起一批品茶人。

24 歲時，她已賣了 10 年茶水。許多城市都有她開的茶莊，她成功了！

2003 年，她 30 歲，她的最大夢想實現了。在本來習慣於喝咖啡的國度裡，也有洋溢著茶葉清香的茶莊出現，她把茶莊開到了香港和新加坡。

她魅力四射，甜美的笑容燦爛地綻放，出現在許多知名財經刊物封面上，照片的下面有行文字：我的成功沒有祕訣，只不過多了點耐心，把一條路走到底！

還有一個故事：新生開學，老師說：「今天只學一件最容易的事情，每人把手臂盡量往前甩，然後再盡量往後甩，每天做 300 下。」一個月以後有 90％的人堅持，又過一個月，僅剩 80％。一年以後，老師問：「每天還堅持 300 下的請舉手！」整個教室裡，只有 1 個人舉手，他後來成為世界上偉大的哲學家，他的名字叫柏拉圖（Plato）。

　　從這兩個故事可以發現：成功沒有祕訣，貴在堅持不懈。任何偉大的事業，成於堅持不懈，毀於半途而廢。其實，世間最容易的事是堅持，最難的也是堅持。說它容易，是因為只要願意，人人都能做到；說它難，是因為能真正堅持下來的，終究只是少數人。發明狂犬病疫苗的微生物學之父巴斯德（Louis Pasteur）有句名言：「告訴你使我達到目標的奧祕吧，我唯一的力量就是我的堅持精神。」騏驥一躍，不能十步；駑馬十駕，功在不捨。同樣，成功的祕訣不在一蹴而就，而在於你能否持之以恆。

磨出來的性格才是獲得力量的泉源

性格原來是這樣決定命運的

　　瑞士心理學家榮格（Carl Gustav Jung）認為：「人並非自己的主宰，而主要受一些不為我們所知的力量控制。這些力量來源於自己的潛意識部分，而我們的意識部分僅僅是潛意識中的滄海一粟。潛意識並非只是生長發育階段壓抑作用的總和，潛意識具有負面效應，同時也是具有積極作用，它賦予人創造力，能幫助人確立生活的意義，並且指導人追求個人獨立。正是人的這種潛意識，構成了每個人的獨特性格。」

　　萬科董事長王石說過：「董事長是從基層業務員一步一步做起來的，我當然遇到過令人生氣的頂頭上司，但沒有一走了之，這麼多年過去了，我還在，原來的主管呢？」

　　日本著名女排教練大松博文曾說：「作為每個人來講，發揮自己的優良性格，才能明確自己存在的理由，才會感到生活的意義。」

　　英國著名文豪狄更斯（Charles John Huffam Dickens）曾說：「一種健全的性格，比一百種智慧都更有力量。」

　　每個人的性格都是多面性的，再傑出的人物也會有其性格

方面的弱點，再消極的人也會有其性格中的亮點。俗話說，「玉不琢不成器。」性格是出於自然的原石，關鍵在於打磨和雕琢；只有在成長和實踐的過程中不斷地打磨和雕琢，才有可能顯現出本質的光芒。

　　一個人的性格決定了他對各種事物的不同態度，然後用不同的行為方式去處理在他身上發生的一切事件。因此，完善了性格，也就塑造了成功。

　　性格是一個人在態度和行為方式上所表現出來的心理特徵，有以下兩個特點：

第一，性格具有唯一性

　　世界上沒有相同的兩片樹葉，反映的就是唯一性。人與人之間可能有相似的人生經歷，但會塑造出不同的秉性和人格，只會相似，不會相同。

　　在這個物競天擇的社會，要解決溫飽問題，必須進行有效的獵食，狼的性格決定了狼的團結、睿智、殘忍，因為狼早已認清了「狼多肉少」的真理，在狼的眼中，世界是殘酷的。而在羊的眼中，這個社會雖然有危險但大多數物種還是溫順和善良的，當然除了狼以外。羊喜歡在遍地生長野草的地方悠閒地吃著草，享受安逸。如果要讓羊生存下來，我們必須對狼防範，要熟練地掌握防狼的技能。

第二，性格具有可塑性

　　從心理學角度來看，一個人的性格基本上是先天形成的，較難改變。可見，改變性格不是一件容易的事，需要付出代價，同時也說明性格有改變的可能性，只是比較頑強、難度較大。

　　從行為學的角度來看，性格是一個不斷進化的動態系統，它在行為過程中可以接受自我意識的控制和調節。這說明，一個人可以透過堅強的毅力和自我意識來鞏固、加強和完善性格中的優點；同時也可以透過超強的意志力和自我意識，有目的地節制和消除性格中的不利因素。看來，每個人只有在成長和實踐的過程中，取其精華去其糟粕，摒棄不好的性格，發揚優良的性格，才能不斷地完善自己，優化性格結構。

破解性格組成密碼

　　瑞士心理學家把人的性格分為「內向型」和「外向型」的理論較為著名。

　　榮格認為，性格內向的人，很少向別人顯露自己的喜怒哀樂。他們在情感方面經常自我滿足，珍視自己內心的體驗；在他人面前容易害羞，說話慌張，不願在大庭廣眾前出頭露面，做事深思熟慮，但缺乏實際行動，常有困惑、憂慮、鬱鬱不樂之感。

外向型的人，心理活動傾向外部，經常對外部事物表示出關心和有興趣。這些人性情開朗活潑，善於交際，但他們不願苦思冥想，而要依靠他人或活動來滿足個人情緒的需求。同時他們善於在活動和群體交往中表達自己的情緒與情感；不會害羞，健談，愛交朋友；說話大膽、不考慮別人的感受。他們自由奔放、當機立斷並易產生輕率行為，動作快速、不拘小節。

榮格認為，內向和外向，不過是程度問題。一個人只是或多或少地屬於內向型或外向型，並非整體都是內向或外向。內或外都是相對而言的。

我通常把職場人的性格特質劃分為四種，即活潑型、分析型、支配型和和藹型。這種分類方法相對實用，易於掌握。

1. 活潑型

活潑型性格的人主要特徵包括外向、樂觀、豁達、多言、善變、天真、好奇，他們總是處於一種比較熱情的狀態，好客、樂於助人，屬於天生的樂天派。這樣的性格往往是活躍氣氛的主要力量，他們會積極參與公司的各項活動，是組織與成員之間、成員與成員之間最好的潤滑劑。

活潑型性格的人的缺點：往往隨心而動，也就是隨著自己的心情而動，控制力比較弱，常會使自己過於興奮；他們總是大剌剌，顯得沒有條理，對數字不敏感，辦事馬虎粗心，容易給人一種不成熟的感覺，缺乏耐心；有時候天真得像孩子一

樣，希望每個人都喜歡自己，如果有人狠狠地批評他們，很快就會流眼淚，面對壓力的典型反應是來回徘徊，希望得到別人的關注和同情。

2. 分析型

分析型性格的人主要特徵包括內向、細心、冷靜、固執，他們是天生的分析家，愛思考，經常持懷疑論，總是不由自主地挑剔，但他們對待任何事情都比較嚴肅和認真，邏輯清晰，條理性強，對數字先天敏感，觀察力強，尊重數據，堅持原則，追求完美。

分析型性格的人的缺點：擔心組織或同事會忽略自己，但又不想和同事走得太近；在他們的眼裡，世界的缺點很多，所以顯得消極、憂愁，不苟言笑；情商較低，做事情不夠靈活，經常會給自己施加壓力；他們之所以不喜歡讚美別人，是因為別人還不夠完美；有時候還會自我矇蔽，變得謹慎、刻板、固執，往往將問題想得過於複雜，造成誤解。

3. 支配型

支配型性格的人主要特徵包括外向、行動、自信、直率，他們是天生的領導者，判斷力強，決斷力強，喜歡支配他人。目標清晰，做事有主見，經常以自我為中心，好爭，經常不給他人留餘地，還特別在意自己的「面子」，容易忽略情感，但有時候比較感性。性情急躁，做事忽視細節。

支配型性格的人的缺點：氣勢咄咄逼人，給他人不好相處的感覺；太愛干預他人，不太容易接受他人的意見；對身邊的人要求較高，太直接的處事方式讓大多數人不能接受。

4. 和藹型

和藹型性格的人主要特徵包括內向、和善、機智不爭，是天生的好好先生，自然隨和，不計較個人得失，追求人際關係的和諧與圓滿，安定團結，追求和諧，經常迴避衝突，善於調解矛盾。非常有耐心地傾聽別人的談話，委曲求全，設法滿足他人的要求。他們隨遇而安，知足常樂。

和藹型性格的人的缺點是：過於迎合他人，喜歡依靠他人；缺乏主見和感染力，非常容易受到他人的影響；不願發表意見，往往隨波逐流，顯得沒有主見。

雖然性格不好改變，但是可以管理和完善。儘管性格沒有優劣之分，但在具體問題和具體事件上，性格具有正面和負面的影響力。性格是一個不斷進化的動態系統，它在行為過程中可以接受自我意識的控制和調節。

看來，每個人只有在成長和實踐的過程中，摒棄不好的性格，發揚優良的性格，才能不斷地完善自己，優化自己的性格結構。一個人只是或多或少地屬於活潑型、支配型、分析型和和藹型，並非整體都是活潑型、支配型、分析型和和藹型，這四種性格既相互依存，又彼此相對。

　　沒有一個人完全是單一的類型，只不過某一類型的傾向較為突出，自然而然就成為了一個人主導的性格類型。性格的改變過程就是一個人成長蛻變的過程。

上善若水與大道無形

　　「上善若水」這四個字，出自老子的《道德經》第八章：「上善若水。水善利萬物而不爭，處眾人之所惡，故幾於道。」

　　一個人最適合職場發展的性格就是「上善若水」的性格，這也是我一直嚮往的性格。水造福萬物，同時又滋養萬物，卻從不與萬物爭高下。動時氣勢磅礡，飛流直下，如萬馬奔騰般地一瀉千里，匯入浩瀚的海洋。靜時滴水穿石，堅持不懈，突破萬難，穿透比它堅硬上千倍的東西。

　　生活中，一口水，能解乾渴；一杯酒，消愁解困；酷熱時幫你解暑；嚴寒時給你溫暖，汙濁時幫你去汙除垢，衝動時幫你靜心靜德，孤獨時給你安慰，抉擇時讓你內心寧靜，方便你洞悉天下大事，真可謂是大愛無疆德行天下，乃「上善若水」行為之一。

　　水的行為是這個世上最能收放自如的，想快則快，想慢則慢，有時獨來獨往，有時卻萬馬奔騰，有時渾濁不堪，一旦停下，馬上回歸它本來的面目。做人，如果像「水」一樣始終保持清醒的頭腦，懂得取捨進退，善辨是非對錯，乃「上善若水」的行為之一。

　　水的聲音是人世間最美妙的聲音，可以是「細雨無聲」，可以是「潺潺流水」，可以是「頓失滔滔」，可以是「排山倒海」。不論是哪一種聲音都是它身分的完美展現，表裡如一，言行一致，既不虛張聲勢，也不嬌裡嬌氣，乃「上善若水」的行為之一。

　　水是根據地理環境來決定它要走的路，無論是曲折蜿蜒、還是直上直下，無論是懸崖峭壁還是刀山火海，它都會依據地勢的變化而變化，想盡一切辦法到達要去的地方。

　　其實，很簡單，只有一個方向，奔向低窪，從不考慮「面子」的問題，寬可以數十里，窄可以幾公尺，地面上可以，地下也可以，甚至不考慮最終是奔向大海還是奔向沼澤，絕不會挑三挑選四，也沒有任何藉口。

　　如果人們能夠放低身段，低調行事，保持謙卑的心態，做到「不爭、不搶、不卑不亢」，便是「上善若水」性格的完美展現。

　　其實，水的能力是最強的，它可以滋潤，可以溶解，可以浸泡，可以沖刷，可以是「甘露」，也可以是「冰凍」。不會計較利益得失，職位高低，不在乎時間長短，環境好壞，它總是默默地努力工作著，從來不與上級爭鋒，不與同級爭寵，不與下級爭功。

　　如果你能夠在職場中抱有一種「上善若水」的心態，擁有「臥薪嘗膽」的氣度，就一定會獲得「大道無形」的力量。

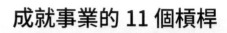

成就事業的 11 個槓桿

下篇

導言：
自我管理是支點，能力是槓桿，一個都不能少

　　一個人如果完成了「自我管理」關，請馬上進入「能力」關，如果只有支點而缺少槓桿，一樣撬不起地球。因為「自我管理」是立足之根，「能力」是發展之本，完成「自我管理」關，只能說明找到了支點，可以在職場立足，但這僅僅是個開始。如果說「自我管理」是一切管理工作的基礎，是萬丈高樓的地基，是贏在職場的支點，那麼「能力」則是一切工作的開始，是高樓大廈的支柱，是成就事業的槓桿。

　　不論你的基礎有沒有打好，支點有沒有找到；不論你的槓桿有沒有準備好，你都已經來到了這個以能力為核心競爭力的職場，職場很殘酷，也很美好，很現實。

　　生物學家達爾文（Charles Robert Darwin）的「演化論」被列為 19 世紀自然科學的 3 大發現之一，其中「適者生存」的理論是達爾文經過多年苦心鑽研得出的重大研究成果，它原本是用來解釋「不能適應競爭進化的物種會遭到無情地淘汰」，但是「適者生存」理論一出世，就被管理學界、經濟學界以及心理學界大量地引入並且運用。

　　恐龍很龐大，但是龐大的身軀需要吃更多的食物，低下的神經系統導致恐龍反應緩慢，最主要的是沒有適應多變的自然環境的能力，老的能力不好用了，新的能力又沒有去學習，只

會被淘汰，最終滅絕。但是和恐龍生存在同年代的螞蟻為什麼就活下來了呢，因為牠們懂得「適者生存」的道理，螞蟻很勤奮，擅於學習新的能力，最終活到了現在。

　　職場的競爭十分激烈，你要想生存下來，就必須在適應周圍環境的同時迅速提高各方面的能力，不斷地去學習新的能力。

　　能力是你順利完成某一項工作必備的條件，能力是你勝任某一職位、完成各項工作的本領。能力涵蓋了本能、潛能、才能、技能，直接影響著一個人做事的優劣和效率。

　　人的能力是多方面的，包括專業能力和通用能力。專業能力包括市場行銷、會計、工程、軟體、法律、醫藥、語言、電腦、駕駛等這類能力。通用能力包括：溝通能力、決策能力、計劃能力、組織能力、管理能力、問題解決能力、執行能力、團隊合作能力、學習能力、人際關係處理能力、閱人能力、向上管理能力等。一個人不可能是全能冠軍，能力通天，但一定要在某一方面比較突出，要比別人專，比別人精，否則無法進入職場，無法在職場立足。能力可以透過後天的學習、訓練、實踐得到培養、發展和提升，能力是職場生存和發展的必要條件，也是事業成功的基礎。

槓桿 01
唯有一技之長才會有一席之地

你足夠專業嗎？

　　在現代社會競爭的浪潮中，我們無處退縮，無論你身處哪個行業，個人之間還是企業之間，都已經完全進入了一個細分的競爭市場，各行各業都分得如此精細，勝利者與失敗者的區分變得更為清晰，唯有專業能力和一技之長能保證你在職場中擁有一席之地，或者站穩腳跟。

　　一個人沒有專長很難成功。在職場中，只有用專業能力，才能拉開你和競爭對手的距離。一個人的專業能力通常是指在自身的專業領域能夠發揮的力量。職場人一般在企業組織中才能生存，隨著社會的發展和經濟的需求，現代企業的規模會越來越大，企業管理內容所涉及的面也越來越廣泛，管理的層次越來越多，產品研發、銷售、市場、財務、人力資源、物流、品牌、生產等問題會不斷地細化和專業，會越來越複雜。市場需求千變萬化，勞動分工就會日益精細，對專業化的要求就越來越高，職場人的專業能力也隨之越來越重要。

　　先就一家企業的組織需求來說，企業是由生產部門、營運部門、財務部門、市場部門、銷售部門、物流部門、人力資源等部門組成的，這些部門對企業來說都是具有功能性，像每個

人都有五臟六腑一樣，如果某一個器官失去了原有的功能，或者說某項功能減退了，就會影響人的健康，企業有了這些部門就一定要有這些部門的管理者和能勝任部門職務的一般員工，企業各部門的功能強與不強則由各部門管理者和一般員工的專業程度決定。那麼，這些部門的管理者和各職位員工的專業能力強則部門功能則強，反之，部門功能則弱，同時也決定了這個部門「被管理」後的結果好壞與否。

就人力資源部門而言，它的職責是結合企業實際情況，在外部環境與人本思想指導下，透過應徵、甄選、培訓、績效、福利、期權、制度、行政管理等管理形式對組織內外相關的人力資源進行有效運用，滿足企業組織當前及未來發展的需求，保證企業組織的目標實現與成員發展的最大化。

做好企業各職位人員的編制和規劃，預測組織人力資源需求並制定出需求計畫、應徵選拔人員並進行有效管理、培訓、考核，用工作成果和績效計算支付報酬，同時對員工進行有效激勵、結合組織與個人需要進行有效開發，以便實現最優組織績效的全過程。

人力資源部門的職能一般分為：人力資源規劃，應徵與編制，培訓與開發，績效管理，薪酬福利管理以及勞動關係管理。假設你的工作是人力資源的應徵與編制，那麼你的專業能力就顯得極為重要。

1. 你的所有行為是否遵循公司的策略規劃，是否遵循人力資源規劃？

2. 你是否做好了應徵計畫，或者你的應徵計畫是否合理？是否滿足了公司各個部門的用人需求？

3. 你用什麼方式應徵，或者你的應徵方式是否科學可行？你選撥的人才是否是可用的，是專才、通才、英才還是庸才？能否滿足公司各部門需求？

4. 你怎樣面試？或者你的面試方法是否有效？你用什麼方式識別人才？

5. 你招來的這些人是不是 3 個月後會離開公司？你是否又將面臨新的一輪面試？

　　每家公司需要做的事情都相似，但是由於每家公司每個職位上的工作人員專業程度參差不齊，專業能力強一些的，企業發展的速度就快一些；專業能力差一些的，企業發展的速度就慢一些或者根本沒有發展。可見，專業能力決定企業成敗。

　　你現在可以嘗試回答幾個問題：我專業嗎？我是公司裡在這個職位上最專業的人嗎？我是這個地區、全國、全世界的這個行業裡這個職位最專業的人嗎？我是否用我的專業知識推動了公司發展？我能否在我的專業領域裡經過細心研究、實踐，成長為這個行業裡或者這個職位的專家呢？在這個領域裡，我要做到最好，而且沒人能超越我，我對自己有信心嗎？

槓桿 02
只有永恆的問題，沒有終結的答案

管理的意義

在影響企業發展的行為中，管理者在企業組織活動中處於主導地位，決定企業組織中各職能部門或工作人員能否積極地工作，並發揮每一個體的專業能力的關鍵因素就是管理者。管理者能力的高低，對是否能提高組織目標的實現和管理效能，有決定性的作用。因此，管理者的管理能力就成為管理學研究的一個重要課題。管理的本質是追求效率，因此，管理者的管理能力從根本上說就是提高組織效率的一種能力。

有這樣一個故事，有 7 個人曾經住在一起，每天分一大桶粥。要命的是，粥每天都是不夠的。一開始，他們抓鬮決定誰來分粥，每天輪 1 個。於是每週下來，他們只有 1 天是飽的，就是自己分粥的那一天。

後來他們開始推選出一個道德高尚的人出來分粥。大家開始挖空心思去討好他，賄賂他，使得整個團體烏煙瘴氣。然後大家開始組成 3 人的分粥委員會及 4 人的評選委員會，互相攻擊之下，粥吃到嘴裡全是涼的。

最後想出來一個方法：輪流分粥，但分粥的人要等其他人挑完後拿剩下的最後一碗。為了不讓自己吃到最少的，每人都

盡量分得平均，就算不平，也只能認了。大家快快樂樂，和和氣氣，日子越過越好。

同樣是 7 個人，不同的分配制度就會有不同的風氣，不同的結果。所以一家企業或一個組織有不好的工作風氣，一定要檢查管理機制，是否有合理、公平、公正、公開的機制支撐企業的營運。可見，7 人分粥故事告訴我們機制管理很重要。

再來看一下田忌賽馬的故事。齊國的大將田忌很喜歡賽馬。有一回，他和齊威王約定，要進行一場比賽。他們商量好，把各自的馬分成上、中、下三等。比賽的時候，上馬對上馬，中馬對中馬，下馬對下馬。由於齊威王每個等級的馬都比田忌的馬強得多，所以比了幾次，田忌都失敗了。

有一次，田忌又失敗了，覺得很掃興，比賽還沒有結束，就垂頭喪氣地離開賽馬場。這時，田忌抬頭一看，人群中有個人，原來是自己的好朋友孫臏。

孫臏招呼田忌過去，拍著他的肩膀說：「我剛才看了賽馬，威王的馬比你的馬快不了多少呀。」孫臏還沒有說完，田忌瞪了他一眼：「想不到你也來挖苦我！」孫臏說：「我不是挖苦你，我是說你再同他賽一次，我有辦法準能讓你贏了他。」田忌疑惑地看著孫臏：「你是說另換一匹馬來？」孫臏搖搖頭說：「連一匹馬也不需要更換。」田忌毫無信心地說：「那還不是照樣得輸！」孫臏胸有成竹地說：「你就按照我的安排行事吧。」

齊威王屢戰屢勝，正在得意洋洋地誇耀自己馬匹的時候，

看見田忌領著孫臏迎面走來，便站起來譏諷地說：「怎麼，莫非你還不服氣？」田忌說：「當然不服氣，我們再賽一次！」說著，「嘩啦」一聲，把一大堆銀錢倒在桌子上，作為他下的賭錢。齊威王一看，心裡暗暗好笑，於是吩咐手下，把前幾次贏得的銀錢全部抬來，另外又加了一千兩黃金，也放在桌子上。齊威王輕蔑地說：「那就開始吧！」

一聲鑼響，比賽開始了。孫臏先以下等馬對齊威王的上等馬，第一局田忌輸了。齊威王站起來說：「想不到赫赫有名的孫臏先生，竟然想出這樣拙劣的對策。」孫臏不理會他。接著進行第二場比賽。孫臏拿上等馬對齊威王的中等馬，獲勝了一局。齊威王有點慌亂了。第三局比賽，孫臏拿中等馬對齊威王的下等馬，又戰勝了一局。這下，齊威王目瞪口呆了。

比賽的結果是三局兩勝，田忌贏了齊威王。還是同樣的馬匹，由於調換了馬匹的出賽順序，就得到了轉敗為勝的結果。其實，這是一個管理資源能否充分利用，如何組織的問題，更深層的是管理思路的問題。

傑克‧韋爾奇的四項管理原則

傑克‧威爾許（Jack Welch）自 1981 年至 2001 年擔任奇異公司（GE）總裁，不僅在奇異公司擁有至高無上的權力，更是商界的傳奇人物。在短短 20 年間，這位商界大老使 GE 的市場資本增長 30 多倍，達到了 4500 億美元，排名從世界第十提升到第一。他所推行的「6 個西格瑪」標準、全球化和電

子商務，幾乎重新定義了現代企業，並因此獲得了「世紀經理」、「全球第一 CEO」的美譽，成為幾乎所有 CEO 效仿的典範，享受著與美國總統一樣的尊榮和禮遇，他所管理的公司也一直被公認為管理最優秀和最受推崇的公司之一。他有一個著名的四項管理原則：

原則一，彈性

威爾許認為果斷與彈性並不矛盾，管理模式和經營理念必須能因主客觀環境的改變而改變，這使全球市值最高的 GE 公司仍然保持了難得的活力和靈活性。他甚至提出，公司的任何一項業務如果不能在該行業的市場份額占據前三位，或不能夠營利，就應當果斷退出。這一引起眾多爭議的苛刻標準，卻並沒有導致公司營業額的下降，反而使專注於核心業務的 GE 競爭力更加強大，盈利狀況更好。

原則二，條理

威爾許是伊利諾大學化工博士，反映在管理上，即非常善於將工作安排得極有條理，他將每年度的會議乃至每天的工作都安排得合理而緊湊，在繁忙的工作中還能得到預期的效果。

原則三，溝通

威爾許最成功的地方，是他在 GE 公司建立起非正式溝通的企業文化。他經常「微服私訪」，甚至可能直接寫信或打電

話給全球 34 萬名員工中的任何一位，人們都用「傑克」來稱呼他。不僅對僱員，對顧客也是如此。他最常引用的例子，就是要大家拿出開「雜貨店」的心態來經營 GE。雜貨店的特色是顧客第一，沒有架子，沒那麼多繁文縟節。

原則四，教育

威爾許極其重視員工的在職訓練和教育工作，使 GE 一直擁有引以為豪的人力資源。GE 公司每年在員工培訓上投入巨大，並以培養高層管理人員著稱，以至於 GE 被稱做盛產 CEO 的搖籃。培養出這麼多傑出人才，反映出威爾許確有高出一籌的管理智慧和領導藝術。

一頭綿羊帶領的一群獅子，敵不過一頭獅子帶領的一群綿羊，帶領者很重要，他既是領導者又是管理者，管理者對於組織如此重要，管理的風格魅力、協調力、控制力和教導力是企業組織成長、變革和再生最關鍵的因素之一，如果管理者的管理風格簡單粗暴，就可能將組織帶入困境。

現代企業中不缺少有能力的人，但每家企業都缺少有能力的管理者。在這個飛快變化和不斷創新的時代，企業的成功不再是一個人的表現了，而是要協同企業中人與人、人與事、人與性格、人與利益等之間單位累加的關係。只有具備了卓越的管理能力，掌握現代化管理技能，才能適應現代企業管理的需求。管理能力已被公認為企業唯一持久的核心競爭力。

管理者能力模型形成的 5 個階段

　　根據多年的實踐和研究，我把一個管理者的管理能力的模型形成分為 5 個階段。

第一個階段，自我成長與臨危受命

　　在工作實踐中，管理能力的第一步很有可能是臨危受命和自我成長，但自我成長還只是停留在「假設可以啟用的階段」，而臨危受命就不一樣了，是「可以啟用階段」。不論是自我成長還是臨危受命，都已經進入了企業管理的範疇，當然要將管理進行到底並為結果負責，才會受到組織的尊重。自我成長的過程是很漫長的，要不斷地吸收新的資訊，不斷地實踐和總結，具有做好某項管理工作的強烈願望，並且不怕失敗，堅持努力去做，才是獲得和累積管理能力的有效途徑。能夠有「臨危受命」的機會本身就是一種實踐和鍛鍊，有這個機會並不代表你就能勝任，所以要謙虛一些，切記，要放低權力的本身，站在一個踐行者的角度多體驗、多總結。

第二個階段，獲得培養與探索

　　一個人從開始累積能力起，就必須不斷地運用自己的能力，只有這樣才不至於使自己的能力枯竭。能力要麼是探索出來的，要麼是獲得了他人的指導和培養，能夠獲得培養說明組織需要你，也可能是你的某些特質被組織看中，說明你的機會來了，當然要義無反顧地抓住。但探索是一個很辛苦的過程，

因為很有可能你探索後得出的結論或者管理方法，不被上司或者組織認可，這個時候你需要更多的機會和舞臺去證實自己。一旦證實了自己的管理能力，將很快得到重用，至少你在這個組織中是安全的。

其實在職場，無論處於哪個階段，一定不能放鬆對自己能力運用的要求，我們既無法知道自己的能力是否已經掌握以及如何運用，也無法知道自己的能力是否已經喪失。唯一的辦法就是不斷地去運用和使用它，才能保證能力之樹常青。當然，持續的能力才能保證自身的可持續發展，只有不斷地實踐才能保證自己的管理能力具有實用性。

第三個階段，大膽實踐與風格形成

彼得・杜拉克（Peter Ferdinand Drucker）認為：「管理是一種工作，它有自己的技巧、工具和方法；管理是一種器官，是賦予組織以生命的、能動的、動態的器官；管理是一門科學，一種系統化且到處適用的知識；同時管理也是一種文化。」這是一種大膽實踐後對管理的最好詮釋。管理的本身就是一種實踐，如果在實踐的過程中你遊刃有餘，自然而然就會形成自己的風格。你的風格的形成和你的性格有關，和你對管理的認知有關，和你的經歷有關，和你的能力有關。

第四個階段，管理創新和與時俱進

資訊社會，知識常新，與時俱進，繼往開來。過去的知識和能力固然重要，但並不等於就可以用過去的知識和能力應對現在和未來，因為世界上唯一不變的就是在不停地「變化」。實際上，除了那些對組織有實質性貢獻且具有優勢的知識和能力之外，其他的東西我們差不多都要選擇放棄。這就意味著，我們既要應對目前的任務，還要安排未來，積蓄潛力；既要立足本質還要展望未來的發展，但是支撐未來的恰好是在創新中謀求發展。

對於管理創新的價值所在，在《極簡管理》一書中有這樣的觀點：「管，原意為細長而中空之物，其四周被堵塞，中央可通達。使之閉塞為堵；使之通行為疏。管，就表示有堵有疏、疏堵結合。所以，管既包含疏通、引導、促進、肯定、開啟之意；又包含限制、規避、約束、否定、閉合之意。理，本義為順玉之紋而剖析，代表事物的道理、發展的規律，包含合理、順理的意思。管理猶如治水，疏堵結合、順應規律而已。所以，管理就是合理地疏與堵的思維與行為。」無論你怎樣理解，這都是對「管理」的創新理解。

第五個階段，人性理解與業績貢獻

維珍集團創始人布蘭森（Richard Charles Nicholas Branson）說：「激勵人性才是管理的真諦：世界會改變，但人性不變，我所努力探究的就是人與人之間的關係。」從布蘭森的這句話中

不難看出，他找到了管理的本原、基點，抓住了管理的本質、精髓與要點，知道了企業管理的本質就是如何認知並對待人性的問題。

任何能力都是針對要解決的問題的，業績和貢獻是能力管理的直接目標。隨著我們的能力在培訓和實踐中不斷提升，反映在組織中應當是業績和貢獻的不斷增加，無論表現在工作效率的提高，還是時間和金錢的節約上。管理能力最大的挑戰之一，就是企業的任何一項投資能否給組織和個人帶來更大的收益，如果不能給組織和個人帶來收益，那將是沒有意義的管理。

「科學管理之父」腓德烈・溫斯羅・泰勒（Frederick Winslow Taylor）認為：「管理就是確切地知道你要別人幹什麼，並使他用最好的方法去幹。」在泰勒看來，管理就是支配他人用最好的辦法去工作。在我看來，有些管理者是科學地支配員工，而有些管理者是強迫式地支配員工，兩者的方法不同，結果顯然也不同，但可貴的是前者是站在對「人性理解」的基礎上，而後者的支配是站在「權力」的基礎上的。

批評有方，管理有道

人有長處也會有短處，有些管理者只關注結果，而很容易忽視員工的努力，批評下屬時不留任何情面，還自我感覺良好。其實，這是一種非常不成熟的表現，除非你的這種行為是另有所指。

　　再和風細雨的批評也是酸的，就是降臨在員工身上的一場酸雨。批評本身就是一種打擊，重要的不是你的批評，而是透過你有效地批評讓下屬意識到自己的錯誤。

　　教育家陶行知在任校長時，有一次在校園裡偶然看到王友同學用小石塊砸別人，便當即制止了他，並令他放學後到校長室談話。放學後，王友來到校長室準備捱罵。可一見面，陶行知卻掏出 1 塊糖給他說：「這個獎勵你，因為你按時到這裡來，而我卻遲到了」。

　　王友猶豫間接過糖，陶行知又掏出 1 塊糖放到他手裡說：「這塊糖又是給你的獎，因為我教訓你不要砸人時，你馬上不砸了。」王友吃驚地瞪大眼睛，陶行知又掏出第 3 塊糖給王友：「我調查過了，你用小石塊砸那個同學，是因為他不守遊戲規則，欺負女同學。」王友立即感動地流著淚說自己不該砸同學。陶行知滿意地笑了，掏出第 4 塊糖遞過去說：「為你正確意識自己錯誤，再獎勵你 1 塊！我的糖發完了。」

　　有一種聰明的批評方法，那就是「三明治法則」。這個法則指出，在批評下屬時，不要直入主題，要先準備稱讚他們的 2 個長處，即責備前稱讚 1 件，責備後稱讚 1 件，而把責備加在中間。

　　值得指出的是，批評有助於員工進步，使員工更好地完成自己的工作。如果把管理者比作牧羊人，那麼員工就是羊群。站在羊群後面的牧羊人，對於落後的羊群，永遠有驅使的權

利。批評也講究方法，在批評中要懂得「抓大放小」，大的缺點是西瓜，小的失誤是芝麻，不要抓了芝麻忽視了西瓜。這就提醒管理者不要盯著細枝末節的小事，批評時要一針見血，指出問題的關鍵所在。

「管理是一門藝術，它讓人們去做你想讓他們做的事情，而且他們非常樂意去做。」這是美國前總統艾森豪（Dwight David Eisenhower）曾經說過的一句話。可見，批評有方，管理有道！

從「朝三暮四」看如何管理員工

《莊子·齊物論》記錄了這樣一個故事。宋有狙公者，愛狙，養之成群，能解狙之意；狙亦得公之心。損其家口，充狙之慾。俄而匱焉，將限其食，恐眾狙之不馴於己也。先誑之曰：「與若芧，朝三而暮四，足乎？」眾狙皆起怒。俄而曰：「與若芧，朝四而暮三，足乎？」眾狙皆伏而喜。

翻譯成現代文為，宋國（今商丘）有一個養獼猴的老人，他很喜歡獼猴，懂得獼猴們的心意，獼猴們也能夠了解他的心思。那位老人因此減少了他全家的口糧，來滿足獼猴們的慾望。但是不久，生活拮据缺食物了，他想要限制獼猴們吃橡實的數量，但又怕獼猴們生氣不聽從自己，就先騙獼猴們：「我給你們的橡實，早上 3 升，晚上 4 升，這樣夠嗎？」眾多獼猴一聽很生氣，都跳了起來。過了一會兒，他又說：「我給你們

的橡實，早上 4 升，晚上 3 升，這樣足夠嗎？」獼猴們聽後都很開心地趴下，都對那老人服服帖帖了。

　　成語啟示：對於猴子而言，早晨是一天的開始，為了保證一天的活動有足夠的能量，進食的多與寡是有明顯區別的。在猴子的世界裡，只有「朝四」才能保證一天的需求，而到了晚上，是以休息為主，有「暮三」就夠了。如果硬要讓牠們在晚上接受「四」，牠們就會覺得是浪費。從這個角度說，猴子們堅持了實事求是、按需分配的原則。而這兩個原則正是我們要倡導和學習的。

　　「朝四暮三」優於「朝三暮四」的更重要意義在於：早上得到的是在眼前的，而晚上是 12 個小時之後的事。儘管總數都是 7，但是先得到 4，就是先得到了「大頭」。「大頭」在手與「大頭」在外顯然是 2 個不同的概念。如果猴子們任由耍猴人「朝三暮四」，就等於是把潛在的不確定因素和風險扛到了自己的肩上，可能要付出更多才能獲得本已屬於自己的橡實。聰明的猴子當然不會同意。所以牠們要透過抗爭獲得耍猴人的讓步。

　　這則寓言告訴人們，要善於透過現象看清本質，因為無論形式有多少種，本質只有一種。「3+4」和「4+3」結果都是一樣，但如果環境和背景發生了變化，其效果就會截然不同。很多時候，過程和方法決定了成敗。管理者看問題不要只停留在表面，或被表面現象所迷惑，應該看到其本質。

剖析根源，破解困局

以結果為導向

在工作中，無論是普通員工還是管理者，不可避免地會遇到各式各樣的問題，這些問題輕則影響工作效率，重則使工作無法正常開展，甚至還會影響大局。在職場工作中發現問題馬上解決，這本無可厚非，可是遺憾的是當出現問題的時候，有很多人並不會靜下心來找出問題根源所在，只是一味地頭疼醫頭、腳疼醫腳，忙得焦頭爛額，也沒有辦法把問題根本解決。隨著工作難度的增加，問題的複雜程度也隨之增加，解決問題所要花費的時間和成本也會增加。從某種意義上說，管理者的工作過程就是一個不斷發現問題、識別問題、分析問題和解決問題的過程。

面對問題，管理者應保持積極樂觀的態度，應當意識到「只要思想不滑坡，方法總比困難多」，堅信任何「疑難雜症」都可以透過努力而得到解決。我們來看一個小故事。

有一個叫小渭的男孩非常聰明，四鄉鄰里無人不曉。

有一天，他的老師把 2 只木桶裝滿水，然後領著一群小孩子走到一座竹橋邊，對大家說：「誰能把這 2 桶水拎過橋，而且水又沒灑出來，我就送他一件禮物。」

　　小朋友們心想，這座竹橋很有彈性，人隻身走上去，橋身都會晃動，更何況把水桶提過去？所以過了很長時間，也沒一個人吭聲。

　　過了一會兒，小渭對老師說道：「我可以。」

　　只見小渭找來 2 根繩子，用繩子繫著木桶，小心地將 2 只木桶置於橋兩邊的河中，然後便走上竹橋，從橋上用繩子拖著木桶毫不費力地過了橋。當然，水一點兒都沒有灑出去。

　　小渭「拎」著水桶成功地過河後，他的老師將禮物掛在一根長竹竿上，走到小渭跟前對他說道：「我可以給你禮物。不過，你得自己從竹竿上取下來，同時，必須遵守 2 個條件：第一，你不能把竹竿橫放；第二，你不能站在凳子或臺階上去拿。」

　　小渭想了一會兒，然後說道：「沒問題。」

　　說完，他接過竹竿，舉著它直接走到屋門前的一口水井旁，然後把竹竿從井口放了下去，當禮物和他齊高時，他便輕而易舉地把它給摘了下來。面對難題，小渭輕鬆地找到了問題的解決之路。

　　小渭解決問題的能力令人佩服，這都是他勤於思考、善於發現，並對環境條件和現有資源有效利用的結果。有時候問題並不像想像得那麼難。

發現問題馬上解決

　　在一塊農田裡一直橫著一顆大石頭，老王自父親手中接下這塊地的時候就是這樣，這顆石頭不知碰壞了老王多少把鋤頭，弄壞了他多少耕地機器。雖然這顆大石頭給他帶來很多的麻煩，他也常常因此抱怨，但是他卻從來沒有想過把大石頭搬走。後來，他的兒子提議把大石頭除掉，這時他才開始下決心除掉它。於是，在他的帶領下，全家集體出動，帶來了撬棍、大錘等工具。當他把撬棍伸進大石頭底下的時候，他驚訝地發現，這顆石頭埋藏的並不深，只要稍微用點力就可以把石頭撬起來，結果一個困擾了他很多年的麻煩就這樣輕鬆地解決了。這時，老王想到曾經遇到過的困難，無奈地搖搖頭苦笑起來。

　　在企業管理過程中，也經常會遇到這樣的問題，當遇到這種反覆出現的問題時，往往會使人習慣成自然而不去想解決問題的辦法。或者根據原有的經驗，把簡單的問題複雜化。這樣累積下來，必然會給企業造成一定的困難，甚至導致企業無法進行正常的經營活動，更有可能會威脅到企業的生存發展。遇到問題的時候應該抓住根本，及時調查研究，追根溯源，找出問題所在並以最快的速度解決問題、處理問題。

皮之不存，毛將焉附

　　有一年，魏國的東陽地方向國家繳交的錢糧布帛比往年多出 10 倍，為此，滿朝文武一齊向魏文侯表示祝賀。魏文侯對這件事並不樂觀。他在思考，東陽的土地沒有增加、人口也沒

有增加，怎麼一下子比往年多交出 10 倍的錢糧布帛呢？即使是豐收，可是向國家上交也是有比例的呀。他分析這必定是各級官員向老百姓加重徵收得來的。這件事使他想起了一年前遇到的一件事。

一年前，魏文侯外出巡遊。一天，他在路上見到一個人將羊皮統子反穿在身上，皮統子的毛向內，皮朝外，背上還揹著一簍餵牲口的草。

魏文侯問道：「你為什麼反著穿皮衣揹柴禾？」

那人回答說：「我很愛惜這件皮衣，我怕把毛露在外面搞壞了，特別是揹東西時，我怕毛被磨掉了。」

魏文侯聽後，很認真地對那人說：「你知道嗎？其實皮子更重要，如果皮子磨破了，毛就沒有依附的地方了，你想捨皮保毛，不是一個錯誤的想法嗎？」

那人依然執迷不悟地揹著草走了。

於是，魏文侯將朝廷大臣們召集起來，對他們講了那個反穿皮衣的人的故事，並說：「皮之不存，毛將焉附？如果老百姓不得安寧，國君的地位也難以鞏固。希望你們記住這個道理，不要被一點小利矇蔽了眼光，看不到實質。」眾大臣深受啟發。

任何事情都是一樣的道理，基礎是根本，是事物賴以存在的依據，如果本末顛倒，那將得不償失。魏文侯用親身經歷給朝廷大臣們講了「本末顛倒，得不償失」的道理，從而妥善地解決了大臣們被「小利矇蔽，看不到實質」的問題。

「溝」是途徑，「通」才是目的

「溝」是途徑，「通」才是目的

　　潛能開發大師東尼・羅賓斯（Tony Robbins）說：「溝通的品質決定生活的品質。」溝通的能力指一個人與他人有效地進行溝通資訊的能力，包括外在技巧和內在動因。其中，恰如其分和溝通效益是人們判斷溝通能力的基本尺度。恰如其分，指溝通行為符合溝通情境和彼此相互關係的標準或期望；而溝通效益則強調的是溝通的結果是否是雙贏的，或者說是否是解決問題的，雙方達成共識的。

　　在職場 99％的矛盾是由誤會引起的，而 99％的誤會又是由溝通不暢引起的，在職場如果你的溝通不暢，那麼你的問題會一天比一天多。英特爾公司的前 CEO 安迪・葛洛夫（Andrew Stephen Grove）說：「領導企業成功的方法是溝通、溝通、再溝通。」沒有溝通就沒有成功的組織，溝通不管是在生活中還是在工作中的作用都越來越重要。溝通可以使資訊傳遞更加迅速快捷，可以使企業上下級之間、各部門之間的相處和諧融洽，溝通在企業組織中的策略和執行之間是重要的橋梁和連結。

　　溝通是人與人之間的思想和資訊的交換，是將資訊由一個

人傳達給另一個人，並逐漸廣泛傳播的過程。溝通是一切管理手段的載體，同時也是制定管理制度的基礎。

　　有效的管理基於有效的溝通，溝通的目的是雙方達成共識。如果管理者只是把任務下達給員工，而並沒有進行必要的溝通，那麼一旦員工沒有正確理解管理者的意圖，或者在傳達過程中有什麼疏漏，執行勢必不會準確，輕則延緩執行程序，重則可能導致策略執行失敗。

　　老張購買了一家快要倒閉的機械廠，當時幾個朋友都勸他再三思量，可是老張一意孤行。就機械企業而言，大多都會面臨作業環境複雜、作業量大、工作人員多且層次劃分亂、任務傳達不到位等一些狀況。但是，在老張科學的管理下，這家機械廠不但走上了正軌，而且還實現了盈利。

　　原來，老張在管理中非常注重溝通，實行了「1 分鐘溝通，3 分鐘布置」的安全風險管理方法。他要求所有的管理者與所有作業環節的操作人員進行溝通。將當天的工作環境、作業貨種、生產流程等情況一一向操作人員介紹清楚。而對注意事項和安全防範等工作更是天天提醒，時時強調。透過這樣一個流程，不僅員工能夠明白到底應該怎麼做、為什麼這樣做，也使管理者及時了解到員工的需求和工作環節上的人員配置問題。

　　正是因為他實行了「1 分鐘溝通，3 分鐘布置」的管理手段，使溝通順暢，達到了溝通的目的，增強了管理者與員工之

間的了解，營造出溫馨、文明的安全生產氛圍，解決了其他企業沒法解決的問題。

建立通暢的溝通管道

溝通不暢是企業的通病，企業越大，企業的機構越複雜，其溝通能力越困難。高層制定的策略決策很難在第一時間傳達給每一個基層人員，甚至在傳達過程中會因為層層管理者的理解偏差，致使高層決策無法以原貌呈現在基層人員面前。而基層人員對公司所提出的許多建設性意見，在還沒有傳達到高層決策者之前，就已被扼殺。建立通暢的溝通管道是一家企業發展壯大的基本條件。具體方法如下：

方法一，讓對方及時對溝通行為做出回饋

在管理者給員工布置完任務後，一般情況下員工會領著任務回到自己崗位上，按照自己認為對的理解去行事，但是溝通的最大障礙，就是員工無法準確理解管理者的意圖。為減少這種現象發生，管理者在布置完任務之後，應該讓員工把工作任務用自己的理解重新說一遍。如果員工的理解是正確的，管理者就可以放心地把事情交付；如果員工的理解與管理者的要求有偏差，一定要及時糾正。這就要求管理者對任務的理解要透澈，傳達任務時思路要清晰，並且要與員工當面溝通，了解他們是否真正理解了你的意思。

方法二，根據不同的溝通人群，選擇不同的語言

人與人之間是有差別的，即使他們的工作環境相同，但也會因教育和文化背景等因素的影響，而對相同的內容產生不同的理解。所以，管理者千萬不要認為一個員工理解了，其他人也不會有任何問題。如果只是簡單地傳達、安排，忽略了溝通，勢必會造成溝通障礙。管理者在分配任務時應該根據不同的員工，選擇不同的語言來進行溝通，以便讓資訊更加清楚明確地傳達下去。

方法三，在溝通時也要注意傾聽

溝通是一種雙向行為，只有雙方都積極地投入，才能產生有效的溝通。傾聽可以幫助雙方人員在溝通中獲知資訊、完整地評判，所以，無論是哪一方都應該做好傾聽工作。當別人說話的時候，我們往往都是被動地聽，從來不考慮可以從聽到的資訊中得到什麼，缺少主動搜尋和理解意識。

在溝通時，應該積極傾聽，把自己放在對方的立場上去考慮，以便更容易地理解他人的意圖。同時，在他人說到不同於自己的意見時千萬不要貿然打斷，也不要急於表達自己的觀點，因為這樣獲取的資訊是不完整的，往往會使你遺漏掉一些重要資訊。積極的傾聽應該在聽完他人的敘述之後，對整體有一個客觀、理性的分析，再表達自己的意見。

方法四，要控制好自己的情緒，保持清醒理智的頭腦

在接受資訊的時候，情緒會對接受者分析、理解資訊產生一定的影響。所以，在溝通時，一定要注意自己的語氣和表情，不要跟著感覺走。強烈的情緒反應會導致人們無法進行客觀、理性的思維活動，而以情緒化地判斷來代替。

在溝通時，如果出現了情緒失控的現象，要暫時停止溝通，待情緒平復之後再行溝通。

有效溝通是管理工作的基本內容。在價值取向多元化的今天，有效溝通既可以增強管理者的管理能力，又可以提高員工的工作效率，是提高企業執行力，實現企業盈利的重要條件。所以，在企業中必須建立通暢的溝通管道，讓通暢成為溝通的主題。

溝通的三大原則

溝通是一門藝術，是現代管理的一種有效工具，掌握了溝通這個工具，會使你的工作變得得心應手，揮灑自如，而沒有掌握這個工具或使用不好，則會使你的工作受到挾制，處處受窘。

未來學家約翰・奈思比（John Naisbitt）說：「未來競爭將是管理的競爭，競爭的焦點在於每個社會組織內部成員之間及其與外部組織的有效溝通上。」無論是企業的管理者還是企業的基層人員，都是企業競爭的核心，企業中的矛盾和衝突也只

有靠溝通來解決。為了使企業的各項工作都能有序地進行，為了建立企業內部和外部的良好溝通，溝通必須堅持三大原則：

原則一，溝通要準確

準確是溝通的基本要求，如果你所說的話沒有被接收方所理解，或者理解得不清楚，那麼這個溝通就是無效的。很多人認為，為什麼簡單的事情說了很多遍對方仍然不理解呢？人與人是有差別的，任何一個人都不能要求別人完全理解自己的意思。在溝通中，溝通的雙方往往會因為表達或理解的誤差而造成誤解。

我的一個學員就曾很氣憤地告訴我，他的祕書簡直要把他氣瘋了。每一次交代的事情都沒有俐落地辦好過。有一次，他告訴祕書：「幫我查一下上海分公司裡有多少人，下個星期一開會的時候，董事長會問到這個問題，我希望你能認真一點做。」這位祕書不敢怠慢，趕緊把電話打到了上海分公司，告訴上海分公司的祕書：「董事長下週一開會的時候需要你們分公司所有工作人員的名單和檔案，請盡快準備一下。」分公司的祕書不知道出了什麼事情，趕緊跟分公司的經理商量，經理一邊讓祕書準備一邊猜測董事長的意圖，為了慎重起見，他讓祕書準備了更為詳盡的數據給總公司寄了過去。當我的學員星期一一大早趕到公司時，被那幾個大大的包裹震驚了。

很明顯，這個學員與其祕書之間的溝通存在著很大的誤

差。由於祕書無法完全理解以及資訊在傳遞過程中所產生的誤差，致使工作結果執行不正確。這樣的溝通在不少企業中都會出現。它就像一張無形的大網，阻礙了工作的進行，使工作無法正常開展，更有甚者會給企業帶來一些極端事件，使企業蒙受損失。各層人員在溝通時，一定要保證資訊的準確度。傳送方應該具體如實地向接收方傳送真實可靠的資訊，把最核心的內容傳遞給接收方，接收方也要正確理解資訊的內容，如果有不明白的地方，一定要找傳送方問清楚後再開始執行。

原則二，溝通要逐級

溝通包括橫向溝通和縱向溝通。橫向溝通是指部門之間和平級員工之間的溝通。縱向溝通包括下行溝通和上行溝通兩種。

下行溝通中資訊的發布者是上級，接收者是下屬，是上級主動與下屬溝通的一種形式；上行溝通指的是下屬主動傳送資訊給上司的溝通形式。

小朱就曾在溝通中犯過一次越級溝通的錯誤。小朱是部門中業務能力最強的一個，主管也很看好他。有一次，經理安排給他們部門一個非常棘手的問題，部門裡的人開會討論了一下午都沒有討論出結果。下班後，大家都回家了，只有他還在為如何解決這個問題而冥思苦想，皇天不負苦心人，他終於想出了解決方案。回家後，小朱躺在床上想，如果我把這個方案交

給主管，經理一定認為是大家一起做出來的，那我辛辛苦苦一晚上不就白費了嗎？最後，他決定隔天越過主管直接找經理。沒想到，他剛一開始說，經理就告訴他，你的想法不錯，也看出來你確實努力做了，但是你和部門中其他人商量了嗎？你有沒有向你的主管報告？如果因為你一時的榮譽而破壞了部門中的和諧，你認為這樣做值得嗎？他聽到經理這一番話後幡然悔悟。從那以後，再也沒有犯過越級溝通的錯誤。

在實際工作中，無論哪一個部門都是有層級的，往往會有些管理者越過下級主管直接向員工分配任務，這樣會導致員工不知道應該聽誰的，該按照誰的指示去做；下級主管人員也會在心裡產生疑慮，破壞了部門之間融洽和諧的團隊關係。如果管理者確實需要與基層人員直接溝通，也要在溝通之前與下級主管打好招呼。而上行溝通，也需要遵循逐級原則，只有在出現特殊情況時除外。

也許會有人會擔心，資訊在逐級傳遞的時候可能失真，這就要求溝通時雙方都遵循資訊的準確性這一原則，使上下級之間、同級之間能夠及時、有效地溝通。

原則三，溝通要及時回饋

溝通的本質目的是得到對方的理解和認同。只有當接收者接收到資訊，並對其進行及時回饋才是一次完整的溝通。在企業中，無論是上行溝通、下行溝通還是橫向溝通，都需要遵循

「及時」回饋原則。

記得我剛開始工作的時候，我的主管是一個喜歡開會的人。剛開始，開會的時候他常要求大家為公司的發展提出一些建議和意見，還會問很多關乎基層員工自身利益的問題，他總是很認真地傾聽，甚至還帶了一本筆記本，在上面做詳細的記錄。我們都很慶幸遇到這樣一位好主管。

但是，大家慢慢地發現，不管提出什麼樣的意見，主管只是把它記在筆記本上而已，從來都沒有真正實施過。雖然他仍然對員工噓寒問暖，但是員工越來越不喜歡和他交流了。

在實際工作中，往往會因為各部門之間溝通不及時，或者接收者對資訊的重視程度不夠，而使溝通達不到想要的結果。如果管理者只是傾聽了員工的講話，而沒有採取任何措施進行及時回饋，會讓員工產生「不被重視」的感覺，從而打擊了員工主動溝通的積極性。

要想在各自的奮鬥之路上走得更快更穩，就要不斷提高溝通能力。良好的溝通有利於提高企業的工作效率和個人的工作能力，要想建立良好的溝通必須堅持溝通的 3 大原則。

菠菜法則

很多管理者在下達命令的時候，總喜歡用一些含糊不清的語言，如「小趙，這件事情要盡快做完」或者「小劉，這個事情我就交給你了，你要把他做好」，什麼是「做好」的標

準，什麼是「盡快」，如果管理者沒有告訴員工一個明確的標準，員工在執行的時候難免會產生疑慮，導致執行力下降。也有的管理者在部署任務的時候，總是一口氣說一堆指令或任務，讓員工無法適從，不知道哪個重要，哪個不重要，應該先做什麼，後做什麼，同樣降低了執行效率。

在日本企業裡流行一個「菠菜法則」，之所以能夠取得日本企業的推崇，其主要原因就在於溝通貫穿了企業的始終。在日本企業中，企業溝通必須要透過「報告」、「聯繫」、「商量」這六個字。

任何一個人從進入企業的第一天起就要學會「向上司報告」、「和同事聯繫」、「和下屬商量」，無論事情大小，無論你身處何種位置，在遇到問題的時候都要與他人溝通，資訊的接收者也必須以最快的速度把自己的意見和建議回饋給資訊發出者，從而保證問題能及時解決，工作能正常進行。

先處理心情再處理事情

在企業中，人與人之間的溝通是不可避免的。企業管理中所需要的溝通是高效率的溝通、是有效果的溝通，溝通不是說者說了、聽者聽了，溝通更注重的是品質，是要看溝通雙方到底進行了多少真誠而又負責任的溝通。

溝通的前提是相互尊重、相互理解和相互信任，同時透過溝通增加這種相互尊重、理解、信任的情感，溝通並不單單指

資訊的交流，更注重情感、思想的交流。只有溝通者雙方能夠從情感和思想上接受彼此，資訊的溝通才能發揮作用。

　　一天，小杰突然打電話問我有時間沒有，他要去度假，我很奇怪，一直以工作狂著稱的他怎麼會有時間度假。那幾天，正好我沒事，就跟他一起去遊山玩水了。在途中，他告訴我，他把老闆給「炒魷魚」了。

　　原來，他們老闆有一天大半夜想起一件非常重要的公事沒辦，就匆匆忙忙地趕到公司，可大門緊鎖，他又忘了帶鑰匙。這可怎麼辦呢？於是他就打電話給小杰，小杰手機剛好沒電已經關機了。這下老闆可生氣了，這麼重要的事情臨下班的時候不知道再提醒他一遍，還在關鍵時刻關機。但是，生氣是生氣，望著緊鎖的大門他也只好回家去了。

　　第二天，小杰一開機就發現了老闆半夜打來的電話，心想老闆一定有緊急事找他，趕緊回撥了回去，沒想到老闆正好氣沒地方出呢，衝著小杰發了一頓脾氣後，就把電話掛了。上班的時候，老闆又把小杰叫到辦公室，問他：「下班前，你為什麼不提醒我還有一件重要事情沒有做。」小杰說：「我已經把您今天應該做的事情按層級劃分好放到了您的辦公桌上，是您認為這件事情可以稍後再辦的。」老闆接著問：「那你昨天晚上為什麼關機，你不知道老闆隨時會有重要事情嗎？」小杰正要解釋說手機沒電了，老闆就打斷了他的話，讓他好好反省。平白無故受了一頓氣的小杰本來就不痛快，老闆還咄咄逼人，

小杰生氣地說：「老闆，你自己沒有辦好事情，怪我不提醒你，你自己忘帶鑰匙，怪我關手機，你也不看看幾點了，我為什麼就得開機呀？」結果可想而知，大家不歡而散。

如果事情就此打住，也就算了，但是老闆覺得小杰犯了錯還強詞奪理，就把這件事公布在了公司的網站上，小杰氣急了，越想越不是滋味，心想，大不了不幹了，但是我要讓大家給我評評理，到底是誰對誰錯。後來小杰也洋洋灑灑地寫了一篇文章，發在公司網站上，隨後，他就辭職了。

說完這些以後，他還樂得哈哈大笑，我問他，你以後打算怎麼做，他說先玩幾個月，再出去工作。我說你把文章放到網上，還有哪家公司敢要你，聽到這句話，他臉上的笑容馬上消失了。

這家公司肯定會受到影響，小杰也會因此受到影響。之所以會出現這樣的結果，最大的問題還是出在溝通上。只是因為手機沒電關機這樣的小事，卻影響了溝通品質，導致這樣不可調和的衝突。如果兩人中有一個能夠心平氣和地坐下來好好溝通，也不會造成這樣的結局。

溝通要及時

有 3 個人搭乘一條漁船渡江做生意，船至江心，忽遇暴風雨，漁船搖擺不停。正在這一危急時刻，船家利用多年的水上經驗，立刻出來指揮船上的人，他以不容反駁的口氣命令一位

年輕的小夥子騎在船中的橫木上，以保持平衡。

　　他又指揮其他 2 個人搖櫓。可是水勢過於凶險，而且船上裝的大多是布匹和農產品，很容易吸水增加重量，為了保住船身不下沉，必須把船上多餘的東西扔掉，船家不加思考就把小夥子的 2 袋玉米扔入江中，同時也把正在搖櫓的 2 個人帶來的布匹和農產品扔了下去，但 2 個搖櫓人發現唯獨只留下了船家自己帶來的 1 只沉重的箱子。

　　他們很生氣，不發一言就將沉重的木箱扔進了水裡。木箱一離船，船就像紙一樣飄了起來，失去控制，撞到了石頭上，所有的人都被甩到了急流中。那 2 名搖櫓的人萬萬沒有想到，被他倆扔入水中的木箱裡面裝的是用來穩住船的沙石。沒有了穩定船隻的木箱，船就會翻。本來大家可以度過難關的，卻這樣被葬送江中了。

　　透過這個故事我們可以看到，雖然錯誤是 2 個年輕小夥子造成的，但身為經驗豐富的船伕，並沒有做到及時、有效的溝通，既沒有向大家解釋原因，也沒有了解大家的疑惑，導致其他人的誤解，造成悲劇的發生。在現實中，團隊成員在執行過程中難免會產生問題和疑惑，此時就需要及時進行溝通。

給你想要的結果

「執」是一種擔當，「行」是以結果為導向的付出

「行大道」，道是指規律，是可以感受到的，道是一種思想和追求，在平常人眼中是「虛無」的，在修行的人眼中卻是「真實」的。道是一種狀態，是大方向，是力量和泉源，是通向未來的路。

「行大道」語出《禮記·禮運》中的「大道之行也，天下為公，選賢與能，講信修睦。」大道即政治的理想境界，這句話意為：在大道施行的時候，天下是人們共有的天下，賢能之士被選拔出來，講究誠信，追求和睦。

「民為本」語出《尚書·五子之歌》：「民唯邦本，本固邦寧。」意思是，人民是國家的基石，只有鞏固國家的基石，國家才能安寧。「利天下」出自《孟子·盡心上》的「墨子兼愛，摩頂放踵，利天下為之。」意思是，墨子主張兼愛，為此即使從頭頂到腳跟都擦傷了，只要對別人有利，也心甘情願地去做。

如果把「執行力」中的「執與行」二字拆開，可以解釋：「行大道」只是做到了「執」的部分，還沒有涉及「行」的部分。因為「執」在「執行」中是一種擔當，是承擔責任的意思，而「行」在「執行」中是要付出行動，要以結果為導向。

　　假設結果是滿意的，那麼，這個組織的「執行力」就強了。反之，假設結果是不滿意的，那麼這個組織的「執行力」就會讓成員和老百姓失望。「執」給予整個組織的是方向，不是方法，給予老百姓的是信心，不是結果。

　　那麼「行」則是這個組織如何實踐「九字責任」的最大挑戰，這個「行」既是一場顛覆性的變革，又是一種決心的堅持，既要有科學性還要有系統性，既有堅韌性又要有全面性，既要有可操作性還要有全體性。當然，這個「執與行」的成功也是偉大組織的成功。

個人執行力構成的 13 個能力特徵

☑ 策略理解力：就是執行人對策略的理解能力或是對任務的理解能力。

☑ 策略分解力：把策略分解為具體的工作步驟和流程的能力。

☑ 策略執行力：是不折不扣地貫徹能力，以結果為導向，就是「喊破嗓子不如挽起袖子」中「挽起袖子」的能力。

☑ 目標分解力：把策略轉化為目標，把目標分解到個人，把任務轉化為操作，量化目標、監督、考核的能力。

☑ 流程設定力：確定每項工作的流程標準、執行操作標準以及結果標準和跨部門銜接的能力，從而保證各項工作有序地進行。

☑ 時間分配力：圍繞工作和目標合理分配時間、劃分時間的能力。

☑ 職位行動力：明確職位職責、實施職位行動、完成職位任務的能力。

☑ 過程控制力：對自身職位工作的執行過程進行合理控制的能力。

☑ 資訊溝通力：保證各級、各部門橫向或縱向的資訊溝通，在傳遞過程中不增加、也不丟失資訊的能力。

☑ 工具運用力：完成各項任務所需要的系統支持，充分利用各種資源和工具的能力。

☑ 心態調節力：能夠隨時調整，保證最佳工作狀態和工作效率的能力。

☑ 人際環境力：構建和諧，實現共贏的能力。

☑ 結果總結力：科學評估自身職位工作結果，並改進自身工作效能的能力。

個人執行力構成的 7 個行為特徵

行為特徵 1：結果導向

管理大師彼得‧杜拉克（Peter Ferdinand Drucke）說：「管理是一種實踐，其本質不在於知而在於行，其驗證不在於邏輯而在於成果，其唯一就是成就。」衡量一個人做得好與不好是用成果衡量的，這就是結果導向。

接受和承擔任何工作都要以結果為導向，執行就是要結果。結果來自哪裡？結果來自行動，雖然行動不一定有結果，

但不行動一定是沒有結果的。無論你如何思考，無論你思考了什麼，也不論你思想的水準有多高，都不能透過思考獲得結果。結果永遠只能從行動中獲得。執行力強就是得到一個好的結果，一個差的結果也比沒有結果強，0.1 永遠大於 0。為了100 而放棄 0.1，結果得到的是 0。

　　結果導向是很多跨國公司評價人才素養的關鍵性因素，它有以下幾點內涵：

☑ 以達成目標為原則，不為困難所阻撓。

☑ 以完成結果為標準，沒有理由和藉口。

☑ 在目標面前沒有體諒和同情可言，所有的結果只有一個：是或者非。

☑ 在具體的目標和結果面前，沒有感情、沒有情緒可言，只有成功或者失敗。

☑ 你的事情沒有做成，那就證明你沒有能力。

☑「管理不講情面」，對部下的體諒不過是遷就而已。

☑ 在客觀的困難面前，你有一千個理由、一萬個原因、十萬個無能為力、百萬個盡心盡力，可是在結果面前，卻只有一個簡單的現實。

☑ 在結果導向面前，我們常常不得不「死馬當作活馬醫」，我們不會輕易放棄，因為放棄就意味著投降。

☑ 不要用你的判定擋住了你的去路。

行為特徵 2：注重細節

細節決定執行的成敗，古英格蘭有一首著名的名謠：「少了一枚鐵釘，掉了一隻馬掌，掉了一隻馬掌，丟了一匹戰馬，丟了一匹戰馬，敗了一場戰役，敗了一場戰役，丟了一個國家。」

這是發生在英國查理三世的故事。查理準備與里奇蒙決一死戰，查理讓一個馬伕去給自己的戰馬釘馬掌，鐵匠釘到第 4 個馬掌時，少一個釘子，鐵匠便偷偷敷衍了事，不久，查理和對方交上了火，大戰中忽然一隻馬掌掉了，國王被掀翻在地，王國隨之易主。一個細節的疏忽輸掉了一場戰爭。

我們做一件事，如果良好掌握每一個細節，那麼，結果必然是完美的。然而我們在工作中往往容易忽略一個又一個看起來微不足道的、實際上卻又有全面性影響的細節，才使得本來可以預期的成功由於諸多疏漏的細節而歸於失敗，這樣的教訓數不勝數。一艘遠洋遊船在海上失事了，事後人們在閱讀航海日誌時發現，導致遊船失事的原因竟然是一個「小小」的紕漏。

行為特徵 3：拒絕藉口

接受任何工作和未完成工作都沒有藉口，方法總比藉口多。現代職場中「差不多」先生比比皆是，「好像」、「應該」、「可能」「大概」「不是我的錯」……都是「差不多」先生的常用詞，這些常用詞就是找藉口，找理由的推辭。

行為特徵 4：快速高效

做任何事情都快速高效。有人說，如今的時代是一個「秒殺」的時代，凡事「快」字當先，快速高效的人活著，組織會迅速擁有優勢資源並且能快速強化已有的優勢。於是，高效率地執行便成為企業核心競爭力的重要組成部分，也是檢驗企業員工能否跟上高效團隊步伐，為企業帶來價值的標準。

行為特徵 5：持之以恆

做任何事情都有不達目標誓不罷休、永不言敗、百折不撓的精神。

行為特徵 6：超越目標

職場是一個目標的組合體，目標是所有工作的中心，一個目標達成了，新的目標又來了，目標是用來超越的，超越目標其實就是挑戰自我的一種表現。

海倫‧凱勒（Helen Adams Keller）有這樣一句非常形象而生動的話：「當一個人感覺到有高飛的衝動時，他將再也不會滿足於在地上爬。」正是有了遠大的目標，正是有了挑戰自己的一種信念，她接受了生命的挑戰，超越了自己。她，一位盲聾女子畢業於哈佛大學，並用生命的全部力量奔走呼告，建起了一家家慈善機構，造福殘疾人，被評選為 20 世紀美國十大英雄偶像。理想和信念像熊熊燃燒的烈火使她走出黑暗，走出死寂，理想和信念像巨大的羽翼，幫助她飛上雲天。

浩瀚的沙漠中，一支探險隊艱難地跋涉，頭頂驕陽似火，烤得探險隊員們口乾舌燥，揮汗如雨。最糟糕的是：他們沒有水了。水就是他們賴以生存的信念，信念破滅了，一個個都像丟了魂似的，大家不約而同地將目光投向隊長。這可怎麼辦？

隊長從腰間取出 1 個水壺，兩手舉起來，用力晃了晃，驚喜地喊道：「哦，我這裡還有一壺水！但穿越沙漠前，誰也不能喝。」沉甸甸的水壺從隊員們的手中依次傳遞，之前那種瀕臨絕望的臉上又顯露出堅定的神色，一定要走出沙漠的信念支撐著他們跟蹌著、一步一步地向前挪動。看著那水壺，他們抿抿乾裂的嘴唇，陡然增添了力量。

終於，他們死裡逃生，走出茫茫無垠的沙漠，在大家喜極而泣之時，凝視著給予他們信念支撐的水壺。

隊長小心翼翼地擰開水壺蓋，緩緩流出的卻是一縷縷沙子。他誠摯地說：「只要心裡有堅定的信念，乾枯的沙子有時也可以變成清洌的泉水。」可見，在超越目標的心態中行動，你的行為會變得一次比一次有力量。

行為特徵 7：承擔責任

人們常說：「一個和尚挑水吃，兩個和尚抬水吃，三個和尚沒水吃。」這其實講的是一個關於責任的故事。一家企業，一個部門，乃至一個人，如果抱著一種「這不是我分內的工作」為由來逃避責任，所有的工作都無法良好落實。承擔責任

者受人尊重，逃避責任者令人生厭，承擔的責任越多越重，證明他的價值越大。

臨近河岸邊有一片村莊，為了防止水患，農民們築起了巍峨的長堤。一天，有個老農偶爾發現螞蟻窩猛增了許多。老農心想：這些螞蟻窩究竟會不會影響長堤的安全呢？他要回村去報告，路上遇見了他的兒子。老農的兒子聽後不以為然地說：那麼堅固的長堤，還害怕幾隻小小螞蟻嗎？隨即拉著老農一起下田了。當天晚上風雨交加，河水暴漲。咆哮的河水從螞蟻窩始而滲透，繼而噴射，終於沖決長堤，淹沒了沿岸的大片村莊和田野。這就是「千里之堤，潰於蟻穴」這句成語的由來。

長期以來，很多人認為這句成語只不過是一句防微杜漸的警世箴言而已，現實生活中並不存在這樣的事例，但是現在知道「千里長堤，潰於蟻穴」是確確實實存在的。

槓桿 06
誰的工作更重要？

企業需要人才，更需要高績效團隊

　　在職場中，單打獨鬥的時代早已過去。諾貝爾獎設立之初的幾十年，合作獲獎的人只占 41%，而目前合作獲獎的人已來到 80%。企業的發展需要高績效團隊的支撐，若想成功經營一家企業，請先經營一個高績效的核心管理團隊。現在企業之間的競爭，不單是一個人與另一個人的競爭，而是一個團隊與另一個團隊的競爭。社會人才濟濟，企業不缺少人才，而是欠缺將各類人才迅速整合、打造成高績效團隊的能力。

　　一談到 NBA，人們自然會想到籃球之神麥可‧喬丹（Michael Jeffrey Jordan），想到昔日的芝加哥公牛隊，還有由喬丹率領的夢 幻隊。可以說沒有喬丹，就沒有芝加哥公牛隊在 1990 年代的輝煌，也沒有夢之隊的輝煌。

　　沒錯，從古到今，人們都需要英雄，崇拜英雄。但又有多少人知道，英雄的業績都不是一個人創造的，包括喬丹。那時的芝加哥公牛隊還有皮朋（Scottie Pippen）、羅德曼（Dennis Rodman）、科爾（Stephen Douglas "Steve" Kerr）、朗利（Lucien James "Luc" Longley）、庫科奇（Toni Kukoč）、格蘭特等傑出運動員，他們組成了一支優秀的團隊，才成就了芝

加哥公牛隊兩個三連冠的霸業。

　　就連喬丹本人也曾說過：「一名偉大的球星最突出的能力就是讓周圍的隊友變得更好。」沒有喬丹那群夥伴，也同樣不會有那個輝煌的時代。

　　在 21 世紀的今天，競爭的決定因素早已改變，一個偉大的團隊遠遠勝於英雄個人的作用。2004 年奧運會上夢幻隊的失利，NBA 中巨星雲集的湖人隊敗給沒有大明星的活塞隊，都說明了這一點。不僅體育中的團隊專案如此，現代社會中的商戰也是如此。

不懂合作，效率只會更低

　　一位哲人曾說：「你手上有一個蘋果，我手上也有一個蘋果，兩個蘋果交換後，每人仍然只有一個蘋果。」但是，如果你有一種能力，我也有一種能力，兩人交換的結果，就不再是一種能力了。

　　在專業化分工越來越細、競爭日益激烈的現代職場，靠一個人的力量是無法面對千頭萬緒的工作的，這也是不現實的事情。如果在工作中只知道埋頭蠻幹，不懂得依靠團隊的力量，那麼只會越幹越忙，越幹效率越低。

　　相反，如果你能把自己的能力與別人的能力結合起來，就會取得令你意想不到的成就。

　　在 1950 年代，當時的索尼公司還只是一家擁有 20 多人、

只生產半導體收音機的小企業。儘管如此，索尼收音機在市場上一直無人問津，公司正面臨著生死抉擇。

就在這時，深井大剛來到了索尼公司，並受到老闆盛田昭夫的肯定。隨後，盛田昭夫將他安排到公司重要的職位上，並鼓勵他道：「我很看好你的能力，希望你能夠成為榜樣，激勵其他人，開啟我們的產品市場。」

「這麼重要的任務難道要交給我？雖然我很願意擔此重任，但恐怕有負重任啊！」深井大剛深知完成這項任務並不是自己一個人能夠應付得來的。

然而盛田昭夫卻不這麼認為，他說：「對於每個人來說，新領域都是陌生的，關鍵在於你是否能夠和大家聯手，如果能夠將眾人的智慧結合在一起，相信再困難的問題都能夠迎刃而解。」

老闆的一番話讓深井大剛豁然開朗：「對呀！我怎麼只考慮到自己，公司還有 20 多名同事站在我的左右，如果我向他們虛心求教，那麼還有什麼困難是戰勝不了的呢？」

想到這一點，深井大剛滿懷信心地接受了老闆的任務。他先來到市場部，向跑市場的銷售人員們詢問公司產品的銷售情況，他們告訴他：「我們的收音機在市場上並不受歡迎，主要是因為我們的產品太笨重，而且價格太貴，一般人家難以接受。所以我們都覺得，公司的產品應該在輕便和便宜方面多下工夫。」

聽取了市場部員工的意見，深井大剛受到很大啟發，隨後他又來到公司的資訊決策部，向資訊決策部的同事詢問最新的市場資訊。他們又向他提供了重要的情報：「在美國市場上已經出現採用電晶體生產的收音機，不但大大降低了成本，也更加輕便，很符合我們現在的需求。」

在連續跑了幾個部門後，深井大剛已經有了初步的計畫，隨後他又參與公司新產品的研發，與一線作業員合作，共同克服了一道又一道難關，終於研發出日本最早的電晶體收音機，並將其成功推向市場。而索尼公司也趁勢走向新的紀元。當然，在取得巨大成就的同時，深井大剛榮升為索尼公司的副總裁。

再進一步講，一個人的成功是建立在整體成功的基礎之上，企業與個人之間是雙贏的關係，只有企業有更好的發展，員工才能有更大的發展空間，工作也才能更加順利。

華夏公司是一家特別講究團隊合作的電腦銷售代理公司。在這家公司內，每一個部門都有著明確的分工，銷售部門專門負責公司的銷售業務發展，商務部門負責與各地代理商的合作，客戶部門負責客服的相關工作。

但與其他企業有所不同的地方是，公司的各部門和員工在執行任務時，都要與其他部門同仁進行充分的溝通和配合。例如，在每天下班後，每個小團隊之間的成員一起開討論會，檢討當天的工作，制定新的計畫，並分配第 2 天的工作任務。

透過這樣的討論會，加深華夏公司內部部門與部門同仁相互之間的了解，也使每個成員都更清楚彼此之間的合作狀況。同時，也逐漸在公司內部形成一股嚴謹的工作風氣。在這種工作風氣的帶動下，華夏公司的工作效率快速提升，而且也很少發生失誤。

如今，華夏公司透過團隊合作精神的帶動，已成為同行業中的佼佼者。當然，員工的收入也很高。

人多真的力量大嗎？

在廣袤的非洲大草原上，既生活著凶殘的獅子，也生活著羚羊、斑馬等溫順的動物。

但是，有一個非常有意思的現象：羚羊是世界上跑得最快的動物之一，但牠們被獅子捕殺的數量遠遠多於比牠們跑得慢得多的斑馬。

獅子為什麼能夠捕獲更多跑得快的羚羊，而較少捕獲跑得慢的斑馬呢？原來斑馬是群居動物，每當獅子靠近其中一匹斑馬時，成年的健壯斑馬們便會頭朝裡、尾巴朝外，自動圍成一圈，把弱小體衰的斑馬圍在圈內。只要獅子一靠近，斑馬們就會揚起後蹄踢向獅子，獅子再強壯也抵擋不住斑馬有力的後蹄。

於是，獅子便把靈巧快速的羚羊視作了捕捉對象。羚羊沒有相互保護和支持的習性，當獅子來襲時，羚羊們總是四散

奔跑，往往難逃獅子的利爪，成為獅子的美餐。團隊力量不是個體力量的簡單相加，而是源於成員之間的密切配合和相互合作。

團隊＝團＋隊，也就是說，只有先抱成「團」，然後才能形成「隊」。在缺乏「團」的「隊」中，個體的優秀並不能換來團體的優秀，合在一起只會成為烏合之眾。

中國人常說一句話：人多力量大。這句話在某種意義上說是對的，但也不是絕對。人多，如果組織得好，力量確實巨大。如果組織不好，相互傾軋，互相推諉，反倒是一盤散沙。

有一個關於團隊合作的實驗。這個實驗是一位法國工程師設計的，叫「拉繩試驗」。

工程師把被實驗者分成 1 人組、2 人組、3 人組和 8 人組，要求各組盡全力拉繩，同時用靈敏度很高的測力器分別測量拉力。在一般人看來，幾個人拉同一根繩的合力等於每個人各拉一根繩的拉力之和。但結果卻讓人大吃一驚。

2 人組的拉力只是單獨拉繩時 2 人拉力總和的 95%，3 人組的拉力只是單獨拉繩時 3 人拉力總和的 75%，8 人組的拉力只是單獨拉繩時 8 人拉力總和的 49%。

透過這個實驗我們可以清楚看到，團隊合作不等於團隊各成員力量的簡單相加，團隊領導者應意識到人多不等於力量大，相反，可能有時人數越多，個體所發揮的力量越小。

那麼，團隊領導者應如何看待「人多」與力量的關係？

要想回答這個問題，首先要從自然界中發掘，比如大雁。

大雁有一種合作的本能，牠們集體飛行時，隊伍呈 V 字型。這些大雁在飛行時定期變換領隊者，因為為首的大雁在前面開路，能幫助牠兩邊的大雁形成區域性的真空。科學家發現，大雁以這種形式飛行，要比單獨飛行少 12% 的距離，飛行的速度是單獨飛行的 1.73 倍。

可見，合作可以產生 1+1>2 的效果。團隊的力量是無窮的，只有發揮團隊的力量，才可以完成異常艱鉅的任務。

誰的工作最重要？

居功自傲是團隊精神的殺手，是破壞團隊合作的重要因素。團隊成員應客觀地認知到自己和別人在團隊中的作用，戒驕戒躁。

三個和尚在一座破落的廟宇裡相遇。「這座廟為什麼荒廢了呢？」和尚甲觸景生情。

「一定是和尚不虔誠，所以諸神不靈。」和尚乙說。

「一定是和尚不勤勞，所以廟宇不修。」和尚丙說。

「一定是和尚不敬謹，所以信徒不多。」和尚甲說。

三人你一言我一語，最後決定留下來各盡所能，看看能不能成功地拯救此廟。於是和尚甲恭謹化緣，和尚乙誦經禮佛，和尚丙殷勤打掃。果然香火漸盛，朝拜的信徒絡繹不絕，而這個廟宇也恢復了鼎盛興旺的舊觀。

「都是因為我四處化緣，所以信徒大增。」和尚甲說。

「都是因為我虛心禮佛，所以菩薩才顯靈。」和尚乙說。

「都是因為我勤加整理，所以廟才煥然一新。」和尚丙說。

三人為此日夜爭執不休，廟裡的盛況再次一落千丈。分道揚鑣的那一天，他們總算得出了一致的結論：這廟之所以荒廢，既非和尚不虔誠，也非和尚不勤勞，更非和尚不敬謹，而是和尚不和睦。

可見，團結是團隊合作得以順利進行的前提，是團隊合作能夠結出碩果的基礎，是團隊合作能夠長期久遠的保證。

大家都知道 F1，全名「一級方程式賽車世界錦標賽」，是方程式賽事中的頂級賽事，但大家可能不知道，要在這個比賽中獲勝，團隊合作至關重要。

在 F1 比賽中，團隊合作最關鍵的就是中途進站加油換胎時的效率。在加油換胎時多浪費 1 秒鐘，對比賽的勝負都會造成關鍵影響。停站時的失誤不但會耽誤時間，也可能會引起火災。比賽時工作人員熟練的動作來自平時的練習，車隊通常會利用星期四下午和星期日早上來練習，加油換胎是危險的工作，所以每一位工作人員都必須穿防火服，並且要戴安全帽來降低風險。這些工作人員在車隊中都還有另外的工作，如技師、卡車司機、備用品管理員等，加油換胎只是他們工作的一小部分。

賽車每 1 次停站，都需要 22 位工作人員參與。從其中 12

位換胎技師的分工，便可看出其合作的精密程度。

　　共有 12 位技師負責換胎（每一輪 3 位，一位負責拿氣動扳手拆、鎖螺絲，一位負責拆舊輪胎，一位負責裝上新輪胎）。

　　一位負責操作前千斤頂；

　　一位負責操作後千斤頂；

　　一位負責在賽車前鼻翼受損必須更換時操作特別千斤頂；

　　一位負責檢查引擎氣門的氣動回覆裝置所需的高力瓶，必要時必須補充高壓空氣；

　　一位負責持加油槍，通常由車隊中最強壯的技師擔任；

　　一位協助扶著油管；

　　一位負責加油機；

　　一位負責持滅火器待命。

　　一位被稱為「棒棒糖先生」，負責持寫有「Brakes」（剎車）和「Gear」（人擋）的指示板，當牌子舉起，即表示賽車可以離開維修區了。他也是這 22 人個唯一配備了用來與車手通話的無線電話的人。

　　最後還有一位負責擦試車手安全帽。

　　那麼請問，在這 22 位工作人員中，誰的工作最重要？誰的最次要？

　　我想，這 22 個職位不應該看成是每個單獨的工作，而應該將這 22 個人看成一個整體，將這 22 個職位看成一個職位，因為無論哪個環節出現差錯，都將帶來災難性的後果。

你知道，怎樣讓一滴水不乾涸嗎？那就是讓它融入大海，佛祖釋迦牟尼曾說過：「一滴水，只有融入大海才能生存，才能掀起大浪。」同樣，一個人也只有融入團隊中，才能得到生存和發展。

對於一個員工來說，哪怕再完美，也不過是一滴水，而一個團隊就像是大海，只有員工把自己融入團隊，才能更好地發揮自己的潛能，更快地實現人生價值。

融入團隊是成功的開始

我們都知道，一個人的能力再強，也只有當他融入團體之後，才能表現出來，脫離了團隊，員工個人 只是無源之水，無根之木。

然而，十分令人惋惜的是，有很多員工只看到團隊合作對團隊、對他人所帶來的好處，看不到對自己的幫助，不願意付出與合作，甚至在團隊最困難的時候選擇離開。

難道，身為團隊的一員，整個團隊的榮與辱、成與敗，和我們個人沒有一點關係嗎？

其實不然，團隊和員工是一個共同體，員工的利益與團隊的利益息息相關。團隊要想得到成長，必須依靠員工的成長來實現；而員工的成長又要依靠團隊這個平臺。

正所謂團隊的利益決定員工的利益，如果把員工比喻為一粒種子，那麼團隊就是培育這粒種子的沃土。如果團隊是船，

那麼員工就是承載隻船的水。沒有員工的努力與支持，團隊的發展與輝煌無從談起。所以，員工與團隊共同發展，是實現雙贏模式。

在一個團隊中，任何一個員工都應該盡力為公司創造利潤，否則在弱肉強食的市場中，團隊將失去賴以生存的根本。而對於員工來說，也只有這樣才能獲得豐厚的薪水和良好的待遇。對於那些創造不出價值的員工，將隨時面臨被解僱的危險。

脫離團隊，個人無法生存

在如今的市場上，難免有銷售菁英出現，企業需要他們，但卻不需要「英雄」。「英雄」的年代已經一去不復返了，在這個提倡團隊合作的時代，任何「英雄」的出現都會造成無法想像的後果。

2004 年 6 月，擁有 NBA 歷史上最豪華陣容的湖人隊，在總決賽中的對手，是 14 年來第一次闖入總決賽的東部球隊活塞隊。

在賽前，很少人相信活塞隊能夠堅持到第 7 場。因為從球隊的人員結構來看，湖人隊是一支由巨星組成的「超級團隊」，柯比（Kobe Bean Bryant）、歐尼爾（Shaquille Rashaun O'Neal）、馬龍（Karl Anthony Malone）、裴頓（Gary Dwayne Payton），每一個位置上的成員幾乎都是全聯盟最優秀的。

因此在許多人眼中，這是 20 年來 NBA 歷史上最強大的一

支球隊，要在總決賽中將其戰勝只存在理論上的可能，更何況對手是一支缺乏大牌明星的球隊。

　　然而，最終的結果卻出乎所有人的意料，湖人隊幾乎沒有做多少抵抗便以 1：4 敗下陣來。

　　原來，湖人隊內的每一個球員都過分強調自己在團隊中的作用，並尋求機會來證明自己，以尋求他人的尊重，以滿足強者自居的心理，從而爭風吃醋，在比賽中單打獨鬥，全然沒有配合，如同一盤散沙，不但沒有了激勵作用，而且戰鬥力也大打折扣。

　　和打籃球一樣，從許多事件的反映中看，團隊中的「英雄」往往擁有如出一轍的相似點，就是展現出個人的工作能力和處事作風。這些人一般都是獨具個性的人物，他們也往往具有一些能力，能完成普通員工無法完成的事。

　　但仔細想一想，在一個團隊中，如果要搞個人英雄主義，必將導致其他員工產生巨大的心理落差，把大部分時間浪費在尋找別人成功而自己無能的理由上，抱怨與不理性的想法就會引火上身，從而造成士氣低落，相互矛盾，最終影響團隊的績效和企業最終目標任務的完成。

　　再來看一個故事：

　　經過培訓，小寶被公司分配到企劃部做一名企劃人員。這家公司的企劃部門團隊合作精神十分出眾，每一個成員都有著不錯的企劃能力，然而這一切都隨著小寶的到來而受到破壞。

　　在小寶剛參加企劃工作沒多久，公司的高層就把一項重要的任務交由企劃部門負責，但小寶的主管經過反覆思考，並沒有拿出一個可行的方案。

　　就在團隊上下都一籌莫展之時，小寶卻陷入了沉思。因為他有一個想法，如果能夠成功，可以使這次任務變得簡單，也更容易做出業績。但剛剛進入公司、急於表現自己的小寶，並沒有將這個想法告訴主管，而是越過主管，直接和總經理說明自己的想法，並願意承擔起這項任務。

　　經過公司上層考慮，小寶的建議很快被採納，公司安排小寶與他所在的部門主管一起負責此次任務。然而讓他沒有想到的是，他的這種做法嚴重傷害了部門主管，破壞了部門的團隊精神。

　　結果，在小寶開展行動時，由於無法和部門主管達成共識，致使團隊發生分歧，成員分裂成 2 派，由於團隊精神渙散，計畫也最終流產了。

　　可見，如果一個團隊是一盤散沙，沒有一致的目標，缺乏溝通與團結合作的話，肯定做不成任何事情，其結果只會是成事不足、敗事有餘。

沒有完美個人只有完美團隊

　　在工作和生活中，確實有很多非常出色的人，他們完全可以稱得上是上帝的寵兒，擁有過人的天賦和能力，他們可以在

自己的領域內自由發揮，取得他人無法企及的高度，很多人是不是覺得這樣的人可以稱之為「完美」了吧？其實不然，他們的「完美」對於團隊來說可能就是麻煩的根源。

一家企業想要發展，靠的不是個人的英雄主義，而是團隊。現今的工作大多都是程式化的工作，每一個人都有自己擅長的領域，也有自己不懂的地方，如果總是獨來獨往，不懂得與同事配合，當同事需要你的幫助時，你或者拒絕或者敷衍塞責；當你遇到不懂的問題時，又不去向別人請教，一直埋頭苦思，既耽誤了時間，又耽誤了執行。所以，在工作中，每一個員工都要學會與他人配合，融入團隊。

現在是一個團隊致勝的年代，是一個強調合作的年代，僅靠個別英雄創天下的企業已經越來越沒有競爭力。打造優秀團隊成為當今社會的主題，團隊精神才是企業真正的核心競爭力。每一個團隊的興衰成敗，都和其背後的團隊成員有著密切的關係。每一個成功的企業，都離不開團隊成員齊心協力地奮鬥。一個擁有超強能力，但缺乏團隊意識的人，是無法在競爭如此激烈的社會中發展的。

團隊的成功離不開團隊成員的付出，而每一個取得偉大成就的人也離不開團隊的支持。對於團隊成員而言，沒有你我，只有我們。當團隊中所有人都向著同一方向努力時，才會得到最好的發展。而當團隊取得成績後，每一個成員的努力都將會得到回報。

　　戚家軍是由明朝名將戚繼光帶領出來的，一支由 4000 多人組成的軍隊。這支軍隊的主力是由義烏東陽的普通農民和礦工組成的。但是正是這樣一支雜牌軍，卻自嘉靖三十八年成軍到萬曆十一年戚繼光去職期間，經歷了大小數百次戰役，從未失敗，擊敗總數超過 15 萬餘人的敵人。這支雜牌軍威震一時，被稱為「神勇的戚家軍」。

　　戚家軍強大的戰鬥力和卓越的戰績，離不開戚繼光創造的「鴛鴦陣法」。

　　鴛鴦陣是一個可大可小的組合戰陣，最基本的由 12 位戰士組成，排在最前面的是隊長，隊長身後有 2 列士兵，每列 5 人，最後的 1 人是夥伕。隊長身後的 2 個士兵手拿藤牌，為全隊遮擋箭支、刀槍，掩護後面的戰友。他們之後有「狼筅」兵 2 名。「狼筅」兵是戚繼光發明的一種新兵器，用當地常見的大毛竹製成，在大毛竹上固定著許多把尖刀，打仗時可以橫掃揮舞，威力巨大。在後面是 2 名長槍兵和 1 名短刀兵，長槍短刀協同作戰。

　　每個鴛鴦陣法既可以獨立作戰，又可以由幾十、幾百甚至更多的小鴛鴦陣組合到一起成為一個大鴛鴦陣，還可以變換為「二方陣」、「三方陣」等陣型。鴛鴦陣具有強大的戰鬥力，尤其是對付慣用重箭、長槍和倭刀的倭寇非常有實效，在浙閩沿海多山陵沼澤、道路崎嶇、大部隊兵力不易展開的地理形勢下有明顯的優勢。

　　戚家軍正是由於戚繼光的合理分配，將個體力量巧妙地凝聚在一起，才形成了如此強大的戰鬥力。單個士兵的力量固然很小，但是將這些士兵巧妙安排、精心組合，就會迸發出無窮的力量。

　　團隊的內部結構對團隊的整體功能有決定性的作用，團隊不是人員的簡單相加，管理者在組建團隊的時候，不僅要考慮團隊成員的性格特點和技術特長，還要考慮如何才能發揮出團隊的整體效能。只有對團隊中各個隊員的情況做最佳化組合，進行最為協調的組合設計，才會組建出最有執行力的團隊。

槓桿 07
向上管理才是真正的管理藝術

向上管理的五步工作方法

　　「向上管理」的概念是著名管理學家傑克‧威爾許（Jack Welch）的助手羅塞娜‧博得斯基（Rosanne Badowski）最早提出的。在她看來，管理需要資源，資源分配的權力在上司的手上，因此，當你需要獲得工作的資源時，就需要對上司進行管理，實際上是與上司進行最完美的「溝通」。但是向上管理不完全等同於向上溝通，兩者存在內涵的差異，管理的內涵明顯要大於溝通。做好向上管理是一個系統工程，先來看看做好向上管理的五步工作方法。

1. 解讀公司的企業文化

　　研究向上管理先從研究企業文化入手，如果你不知道所在企業的文化，甚至有些企業沒有提煉企業文化，那麼，你可以從以下方法入手：

☑ 研究老闆文化，因為老闆文化就是企業文化的雛形，老闆文化最能展現和反映企業文化。

☑ 研究核心人員追隨文化，因為企業核心人員的追隨文化就是你所在企業的人文環境，必須掌握，否則你永遠不清楚

在這家企業哪些事該做哪些事不該做，或者你根本就搞不清楚企業衡量工作成績的標準。

☑ 知道企業成長史，因為企業成長史就是企業文化沉澱史，俗話說，「讀史使人明志。」要想在這家企業發展，請研究一下企業的成長史。每家企業的成長史都是經過市場和對手摧殘過的，都是有烙印的。

☑ 明確企業的組織架構，因為它反映的是企業各部門的功能定位和被重視程度，組織架構是為企業發展服務的。

☑ 掌握企業的盈利狀況，因為它決定了企業的商業模式，企業的盈利狀況決定了企業的分配機制。

2. 了解上司的能力、性格和職業態度

上司不是員工選出來的，而是組織任命的。首先，你的上司比你先得到老闆或者組織的信任，如果你上司能力強，就趕緊跟著幹；如果上司能力弱，請趕快當槍手；如果你和上司的性格不互補，請犧牲自己，盡量改善和注意自己的性格狀態，和上司的性格盡量互補。在職場，無論上司的態度有多消極，你都要端正自己的態度。

3. 正確了解上司的 5 種角色

上司的第 1 種角色是你的「上級主管」，優秀的上司成就忠臣、能臣，不優秀的上司生產奸臣。請判斷你的上司屬於哪一類？

　　上司的第 2 種角色便是你的「人生導師」，請判斷你的上司能教你「做人」還是能教你「做事」？

　　上司的第 3 種角色是「組織資源的支配者」，沒有資源，你的工作將無從下手。

　　上司的第 4 種角色是「權力的使用者」，如果你取得了上司的信任，很快會幫助你使用上司的權力。

　　上司的第 5 種角色是「你未來的資源或朋友」。

4. 用五位法正確處理上下級關係

☑ 定位：找到自己在組織中的正確位置，並且清楚地知道哪些事情應該做，哪些事情不應該做。

☑ 到位：把上司安排的工作做到讓上司滿意，或超過上司的預期。

☑ 補位：能夠及時補充團隊成員漏做，或者未能及時做，和能力不足時做的工作。

☑ 站位：「站」在哪就要做在哪。

☑ 換位：設身處地站在他人角度思考問題。

5. 掌握成就、和諧向上關係的五步工作法

　　第一步，「恭」無不克，你給上司的態度是讓你的上司一直有成就感。他如果能夠感受到這種感覺說明你是個聰明的下屬。

　　第二步，「獲」取信任，沒有上司的信任你永遠得不到他的授權，獲取信任其實是獲取權力的最好方法，如果你有很多

的工作方法但是你沒有獲得權力，其實你並沒有獲得施展才華的機會。

第三步，「能」者多勞，在職場永遠比別人多做一點，是獲得機會的好辦法，多做是主動承擔責任的一種表現。

第四步，「服」從領導，服從永遠都是對的，說明你有大局觀。

第五步，「贏」得機會，修練你的職業素養，不斷改善你的職場性格，是你贏得機會的最好方法。大勝靠德，小勝靠智，常勝靠和！

牢記與上司和平共事的六大原則

原則一，敬業

一個替人割草打工的男孩打電話給陳太太說：「您需不需要割草？」

陳太太回答說：「不需要了，我已有了割草工。

男孩又說：「我會幫您拔掉花叢中的雜草。

陳太太回答：「我的割草工也做了。

男孩又說：「我會幫您把草與走道的四周割齊。」

陳太太說：「我請的那人也已做了，謝謝你，我不需要新的割草工人。」

男孩便掛了電話，此時男孩的室友問他說：「你不是就在陳太太那割草打工嗎？為什麼還要打電話？」

男孩說：「我只是想知道我做得有多好！」

「那你還有什麼沒做好的，她還希望得到什麼樣的服務呢？」

敬業就是堅守職業的原則，是道德的範疇。懂得學習的人不如喜愛學習的人；喜愛學習的人不如以學習為樂趣的人，最會工作的人永遠是以自己工作為樂的人，而這類人往往是稀有人才，在別人眼中永遠稱得上是最敬業的人。敬業既是現代職場的生死線，又是困難點，敬業不但是一種態度，更是一種行為。

原則二，服從

服從就是「不管叫你做什麼都照做不誤」，當然，只是工作範疇。服從工作指示是職業道德，順從是一種不情願的妥協。在職場上有一個亙古不變的原則：上司都喜歡服從的下屬。

在上司心裡，「不服從」就是背叛、挑釁權威和不尊重人格。「不服從」意味著策略很難實踐，意味著上下級開始對立，種下了衝突的種子。

服從即跟隨，領導者從跟隨者開始，管理從服從開始，請牢記「執行第一，聰明第二；服從第一，承受第二」的職場16 字服從原則。

原則三，請示

請示有三種：請求上級給予指示，請求批准方案的請示，以及請求批轉對接的請示。

　　永遠記住做主的不是你，即便是你能做主，也要請示上司下達指令，因為你不能剝奪上司的權力，沒有請示便是一種剝奪。

　　請示即尊重，請示永遠都是自下而上的，指示永遠都是由上至下的，請牢記：讓上司主動，你永遠都是對的。

　　請示是積極的態度，請示永遠都是對的，不請示做對都是錯的。大忌越級請示，請示的時候一定要杜絕「想當然」和「我以為」，因為上司永遠和你想的不一樣。

原則四，獨立

　　獨立是職場成熟的一種表現，獨當一面不等於獨占一面。

　　獨立，著眼於「我」的觀念而不依靠他人，但要尊重上級。

　　依靠自己的力量和能力去做某件事就是獨立，獨立是職場成長的必經之路。把上司想放手的事情做好，是獨立的開始。

原則五，互賴

　　相互依賴、相互依存、無法分開就是互賴原則的具體表現。

　　相互依賴的階段，你和上司所擁有的資源、條件、能力等是各有千秋、無法複製的。

　　互賴原則就是追求「1+1>2」的共贏法則，優勢互補最終走向共贏。

　　互賴是走向團結的象徵。

原則六，功勞

你的功勞就是上司的功勞，上司的功勞永遠是上司的功勞。

得到上司的肯定就是自己的功勞，能得到組織的肯定是上司的功勞。

有功勞的時候你很快會成為別人的上司。

掌握正確的工作彙報方法

工作彙報的機制建立從管理機制的形式劃分，一般有三種：第 1 種是行政計劃式的執行機制，即以計劃行政的手段把各個部分統一起來。第 2 種是指導服務式的執行機制，即以指導服務的方式去協調各部分之間的相互關係。第 3 種是監督管理式的執行機制，即以監督管理的方式去管控各部分之間的關係。從機制的功能來分，有激勵機制、制約機制和保障機制。激勵機制是調動管理活動主體積極性的一種機制；制約機制是一種保證管理活動有序化、規範化的機制；保障機制是為管理活動提供物質和精神條件的機制。我們今天所講的「彙報機制」屬於第 2 種「制約機制」。

彙報是一種職業習慣，彙報是雙方達成工作共識的溝通方式，彙報既是配合又是默契。工作彙報具有多樣性，如面對面、會議、電話、郵件等。工作彙報的機制要求：簡單化、科學化、習慣化。上司不要求彙報，自己也要主動彙報。「機制」是看不見的默契，「強制」是看得見的管控。

　　凡是在部隊參加過軍訓的人可能都記得，每天早晚列隊時，總少不了這一套路：「報告長官，今天應到多少人，實到多少人，有幾人事假，幾人病假……」每次略有變化，但最後一句永遠不變──「報告完畢」。「報告完畢」是一種有頭有尾的彙報機制，此語一出，長官便對已經發生的情況做到了心中有數。彙報工作是下屬的義務，也是下屬的日常工作。

　　彙報機制建立的意義：讓你的上司時刻做到心中有數，這就是彙報的價值。以下是彙報工作的 5 個要素：

要素 1. 理清思路

　　彙報給誰聽？彙報的內容是什麼？應該用什麼方式彙報？在什麼場合彙報？工作彙報的邏輯是什麼？上司是否處在「聽彙報」的狀態？上司能否接受你的工作彙報？

要素 2. 突出重點

　　彙報時請分清主次和先後順序。要有強調性地彙報，也可以採用特殊方式彙報（如在現場彙報），這樣上司會容易記住。

　　彙報工作時必須知道上司想聽哪部分？明確你是彙報上司想聽的，還是彙報自己想說的？

要素 3. 簡明扼要

　　可以選用總分總、先簡後細方式做彙報。請注重先彙報結果，而不要刻意彙報過程，歸納 1、2、3 點就可以，切忌長篇大論，缺乏條理。

上司沒有太多的時間聽你彙報，彙報最好客觀、準確、有依據，能展開的彙報才是成功的，能引導上司發問的彙報才是成功的。

要素 4. 洗耳恭聽

要聽清楚上司說的內容並揣摩意圖，評估上司對你彙報成果的期望。聽的目的是為了更好地說明彙報，聽的時候要有耐心，要細心，要站在對方的立場上去聽。聽是一種藝術，要很快進入聽的狀態，聽完要很快切換到說的狀態。

上司想讓你聽的時候，其實是一種責任。

依個人經驗總結的「聽字訣」與大家分享：坐立不正，不聽；面無微笑，不聽；目無接觸，不聽；心無尊重，不聽；情緒激動，不聽；持有偏見，不聽；打斷對方，不聽；妄下結論，不聽。

要素 5. 複述要點

主動複述要點是一種謙虛和尊重的表現，有利於「檢查」、「補漏」和「應變」。複述的作用是確認雙方是否達成共識，避免誤差，聽與說的配合利於增添彙報的趣味性。

複述要主動、簡單，被動複述是一種失敗。

「管理」好你的上司

1. 用匯報尊重上司

上司是用來尊重的，彙報是一種常態，彙報是溝通的一種方式，彙報是一種工作習慣。工作報告要充分詳實，事情是否重要，應由領導來做判斷。

2. 用溝通認識上司

了解上司的性格，揣摩上司的態度，領會上司的意圖，得到上司的指導，抓住上司的需求。

3. 用專業引導上司

專業是你的法寶和管理上司的資本，用專業拉近信任是一種能力，只有專業才能讓你和上司走進「互賴」階段，用專業架起職業橋梁獲取立業之源，絕不放棄專業原則。尊重專業，尊重結果。

4. 用忠誠成就上司

忠誠有 3 種表現，一是忠誠於個體，即對某個人忠誠，比如忠誠於老闆或某一個人；二是對團體的忠誠，比如忠誠於某個組織；三是對一些原則的忠誠，比如信仰、思想或操守。上司錯的時候也要站在他那一邊。信任來自於忠誠，忠誠勝於能力，忠誠大於感性，忠誠代表沒有二心，忠誠是免死金牌，忠誠可以讓上司有成就感、安全感並獲得更多的支持者。

5. 用能力證明自己

能證明自己的只有工作成績，應證明自己能做好，而不要去證明自己比誰強，只有在工作中才知道自己有多能幹，唯有參與，才有認同。組織衡量一個人的貢獻往往來自他的工作價值。

6. 用原則守住自己

原則是指社會原則，法律原則，人格原則，道德原則，企業原則。原則是用來堅持的，守住原則就是守住自己人生的生死線。專業原則的堅守是你最大的本錢，守住自己等於成就自己，守住自己等於幫助上司。

職場成長三部曲

- ☑ 依賴，不能以「自己」為中心，要依賴上司或他人。
- ☑ 獨立，著眼於「成長」的觀念，不依靠他人。
- ☑ 互賴，從「我們」的觀念出發，相互合作，以大局為重。

槓桿 08
將知識轉化為生產力

學習力與學習能力

　　學習力就是一個人的學習能力，當我們走向職場成為一個以工作為主的人時，學習似乎就顯得沒有上學時那麼重要了，但職場人千萬不能有這樣的想法，職場人只是換一種學法，上學是以學習理論知識為主、實踐知識為輔，職場是以實踐學習為主、理論學習為輔。更多的是考驗一個人的學習力，而不單是考驗一個人的學習能力。

　　學習力是把知識資源轉化為知識資本的能力，而學習能力就是一個人的學習能力。學習力是強調了一個人轉化和運用知識的能力，一個人的學習力，不僅包含學習內容的廣度，還包含了內容的深度；不僅包含了一個人的學習效率，還包含了學習的效果；不僅包含了一個人是否持續的學習，還包含了一個人能否持續地將知識轉化成生產力。

職場人的學習特徵

　　生理因素決定了職場人的學習節奏和速度。

　　豐富的生活閱歷和實踐經驗，決定職場人學習方式的多樣性。

自立、自強的個性，決定了職場人自律、自願的學習習慣，而不是被迫學習。

希望寬鬆的教學環境，有著表達個人見解的願望。

多數人以「及時、有用」為知識取向。

成人只學他們認為需要的東西，注重的不是理論知識，而是能否迅速轉化為實踐的有效方法。

職場人學習力十原則

- ☑ 有需求
- ☑ 有快樂
- ☑ 論自由
- ☑ 造氛圍
- ☑ 要通俗
- ☑ 要系統
- ☑ 講平衡
- ☑ 重參與
- ☑ 求實用
- ☑ 有收穫

沒有需求，職場人很少會去主動學習；沒有系統的學習，對職場人來說根本沒有吸引力；沒有快樂的學習，職場人幾乎不會主動選擇；在學習的過程中，職場人的學習狀態始終是自由的，從不願意被強迫；參與式的學習對職場人是有幫助的；

職場人對學習內容的實用性很挑剔；職場人喜歡通俗易懂的知識；職場人對學習的評估方式永遠都是喜不喜歡和有沒有收穫。

職場人記憶能力的 3 個階段

- ☑ 第一階段：即感覺感知階段，學習的內容只有感官記憶，屬於片面記憶階段。
- ☑ 第二階段：即印象認知階段，屬於短時記憶狀態，儲存能力較強。
- ☑ 第三階段：即理性記憶階段，屬於長期記憶狀態，記憶能力非常強，屬於牢固狀態。

學習是最賺錢的投資

　　蘇東坡寫過一篇〈日喻〉：有一個生來失明的人不了解太陽，就向明眼人請教，有人告訴他說：「太陽的形狀象銅盤。」說著敲擊銅盤使瞎子聽到聲音。有一天，瞎子聽到鐘聲響，認為那就是太陽了。又有人告訴瞎子說：「太陽的光亮像蠟燭。」瞎子摸了蠟燭，知道了形狀。有一天，瞎子摸到了管樂器籥，又以為是太陽了。太陽與鐘、籥差得遠呢，而瞎子卻不知道這三者的區別。這是由於瞎子從未見過太陽而只是聽人說的緣故。

　　「太陽」這個如此簡單的具體事物認知起來就這麼難，那麼抽象的道理認知起來就更是不容易了，這說明人的認知是多麼不容易啊。

　　一位哲學家曾說過：「未來的文盲不是不識字的人，而是沒有學會怎樣學習的人。」學習能力、思維能力、創新能力是構成現代人才體系的 3 大能力。其中，善於學習又是最基本、最重要的能力。沒有善於學習的能力，其他能力也就不可能存在，也就很難具體執行。

　　你可以拒絕學習，但你的競爭對手絕對不會；拒絕學習新知識，是被淘汰的開始；學習的最高境界是不斷地自我否定；學習如逆水行舟，不進則退；學習是充滿思想的勞動；學習是進取的最好表現；知識是力量的泉源，學習是最賺錢的投資！

信任是企業和個人成功的基礎

信任是什麼？

　　信任就是相信某個人並勇於託付，信任可以幫助組織提升業績，幫助個人提升信心，信任使同事關係更加融洽，信任是同事之間合作的連結和橋梁，是職場人際關係的基石。信任是企業和個人成功的基礎，信任可以帶來最高效率的合作，信任可以增強團隊的凝聚力，信任是一種有形的經濟推動力，同時也是一種美德，信任是可以改變一切的力量。

　　信任問題會影響所有的人，信任是尋求提高生產率和加速增長的關鍵元素，不論在個人、組織還是社會中。多項研究證明，高信任組織的業績幾乎是低信任組織業績的三倍。

　　簡單地說，信任就是發自內心對未知形態期望的一種信心，信任是相互的，假設當你信任某個人時，你就對他有信心，會對他的行為，對他的能力有信心，甚至你還會為他的過失辯護。但是當你不信任某個人時，就會懷疑他的所有行為，懷疑他的能力，懷疑他經歷的真實性，懷疑他的一切，甚至是猜忌，有時候還會煽風點火……就拿溝通來說，如果同事之間有高度信任的關係，即使對方說錯了話，你也會盡量去明白對方真正要表達的是什麼，而且還會袒護或原諒，更不會有任何

計較。如果同事之間是低度信任的關係，就算你非常注意語氣、表情和謹慎精美的修辭，對方還是很容易誤解你的意思，掂量你的每一句話。

無價的信任

「當聯想收購 IBM 個人電腦業務時，最大挑戰不是技術、供應鏈，甚至不是組織結構，而是建立團隊之間的信任，建立全球範圍內與客戶的信任，與顧客的信任，與生意夥伴的信任，與決策者的信任。」聯想集團執行長楊元慶說。

我們不難看出，信任有兩種：一種是有條件的信任；一種是無條件的信任。有條件的信任大多發生在組織與組織之間，無條件的信任大多發生個人之間，而且現在越來越少，無條件地信任其實是一種精神的力量，大多以某個組織、某種承諾、某種情感和親情為基礎。

信任是一種有生命的感覺，某人信任你的時候，其實是送予你一份禮物，是一份很珍貴的禮物，對方將自己的信任放在對你的承諾、敬佩、欣賞和信任你的滿足感上。信任是理解和默契的昇華，信任是成長路上的巨大動力，信任是激勵的最高境界，信任無價。

信任不取決於個人的任何經驗，也不取決於人們在企業或者其他組織中的交往，而取決於從小到大成長和教育的影響，信任對我們每個人都是公平的，至少我們對待絕大多數人都可

以以信任的態度進行。如果組織信任某一個員工，信任就能夠
決定員工的貢獻程度和努力程度；信任可以促使員工或組織成
員主動承擔風險、嘗試新鮮的事務。

獲取信任的五步工作法

☑ 第一步：首先相信信任可以給你帶來無窮的力量，用相信
　　信任存在的信念，來驅動你信任他人或組織的行為。

☑ 第二步：從現在開始信任你認為值得信任的人。

☑ 第三步：當對方不信你的時候，請你用假設信任他的行為
　　去對待對方。

☑ 第四步：做任何事情都要信守承諾，說到做到，只有你言
　　行一致時才會有更多的人信任你。

☑ 第五步：將你對信任的態度和行為傳遞給更多的人，在自
　　己的社交圈內形成一個良性的信任循環系統，來享受信任
　　給你帶來的豐碩成果。

槓桿 10
成功時看得起別人，失敗時看得起自己

如何建立良好的職場人際關係

有人說，職場成功需要 15％的能力和 85％的人際關係。這並不是在誇大職場人際關係的重要性，而是提醒你要樹立這種意識。

隨著社會競爭越來越激烈，現代人越來越重視人際關係，因為輸掉了人際關係就等於輸在了起跑線上。

在職場中，大家抬頭不見低頭見，如果關係出現了問題，這將是一件讓自己非常痛苦的事。一方面可能會失去一些求助的機會；另一方面，對於個人的工作情緒也會有很大的影響。試想一下：如果你極不願見到公司中的某個人，你見到他就感覺心裡壓抑，那你在公司的一天會快樂嗎？你會很平靜地做完自己的工作嗎？而且，工作如果不開心，也就失去了創造美好工作、幸福生活的本意，這並不是我們想要的。

事實已經證明，與同事相處融洽，會使同事之間的溝通也變得簡單，彼此在工作上會配合得很有默契，同時也會感到輕鬆和快樂。那麼，我們怎樣做才能建立良好的職場人際關係、平步青雲呢？

1. 無禮不行

　　禮是中國文化最重要的一個環節。孔子提出的禮是指：個人修養，人倫常禮和社會道德與法制。孔子說的個人修養，其實是以「誠、信、敬」為基礎的；人倫常禮的核心是「上尊下卑」。可見，古代是「無禮不行」的，經過上千年的傳承，我們的行為一直深受影響，延續到今日。但往往有些人會忽視「禮」，這是非常不可取的。人都喜歡被尊重，現代職場「禮」的作用，就是時刻給對方「被尊重」的感覺。

2. 稻穗結得越飽滿，越會往下垂

　　據說有一位女傭住在主人家附近一片破舊平房中的一間。她是單親母親，獨自帶一個四歲的男孩。每天她早早幫主人收拾完畢，然後返回自己的家。主人也曾留她住下，卻總是被她拒絕。因為她是女傭，她非常自卑。那天主人要請很多客人吃飯，客人們個個光彩照人。主人對女傭說：「今天您能不能辛苦一點兒晚一些回家？」「當然可以，不過我兒子見不到我會害怕的。」「那您把他也帶過來吧。」女傭急匆匆回家，拉了自己的兒子往主人家趕。兒子問：「我們要去哪裡？」「帶你參加一個晚宴。」四歲的兒子並不知道自己的母親是一位傭人。

　　女傭有些不安，到處都是客人，她的兒子無處可藏。她不想讓兒子破壞聚會的快樂氣氛。更不想讓年幼的兒子知道主人和傭人的區別，富有和貧窮的區別。後來她把兒子關進了主人

的洗手間。主人的豪宅有兩個洗手間，一個主人用，一個客人用。她看看兒子，指指洗手間裡的馬桶：「這是單獨給你準備的房間，這是一個凳子。」然後她再指指大理石的盥洗臺，「這是一張桌子。」她從懷裡掏出兩根香腸，放進一個盤子裡：「這是屬於你的。」母親說，「現在晚宴開始了。」盤子是從主人的廚房裡拿來的。香腸是她在回家的路上買的，她已經很久沒有買過香腸給兒子。

女傭說這些時，努力抑制著淚水。男孩在貧困中長大，他從沒見過這麼豪華的房子，更沒有見過洗手間。他不知道抽水馬桶，不知道漂亮的大理石盥洗臺。他聞著洗滌液和香皂的淡淡香氣，幸福得不能自拔。他坐在地上，將盤子放在馬桶蓋上。他盯著盤子裡的香腸和麵包，為自己唱起快樂的歌。

晚宴開始的時候，主人突然想起女傭的兒子。他去廚房問女傭，女傭說她也不知道，也許是跑出去玩了吧。主人看著女傭閃躲的目光，就在房子裡靜靜地尋找。終於，他順著歌聲找到了洗手間裡的男孩。那時男孩正將一塊香腸放進嘴裡。他愣住了。

他問：「你躲在這裡幹什麼？」男孩說：「我是來這裡參加晚宴的，現在我正在吃晚餐。」「你知道你是在什麼地方嗎？」「我當然知道，這是晚宴的主人單獨為我準備的房間。」「是你媽媽這樣告訴你的吧？」「是的，其實不用媽媽說，我也知道，晚宴的主人一定會為我準備最好的房間。」「不過，」男孩指了指盤子裡的香腸，「我希望能有個人陪我吃這些東西。」

　　主人的鼻子有些發酸，用不著再問，他已經明白了眼前的一切。他默默走回餐桌前，對所有的客人說：「對不起，今天我不能陪你們共進晚餐了，我得陪一位特殊的客人。」然後，他從餐桌上端走兩個盤子。他來到洗手間的門口，禮貌地敲門。得到男孩的允許後，他推開門，把兩個盤子放到馬桶上。他說：「這麼好的房間，當然不能讓你一個人獨享，我們將一起共進晚餐。」

　　那天他和男孩聊了很多。他讓男孩堅信，洗手間是整棟房子裡最好的房間。他們在洗手間裡吃了很多東西，唱了很多歌。不斷有客人敲門進來，他們向主人和男孩問好，他們遞給男孩美味的蘋果汁和烤成金黃的雞翅。他們露出誇張和羨慕的表情，後來他們乾脆一起擠到小小的洗手間裡，給男孩唱起了歌。

　　每個人都很認真，沒有一個人認為這是一場鬧劇。

　　多年後男孩長大了。他有了自己的公司，有了兩間洗手間的房子。他步入上流社會，成為富人。每年他都拿出很大一筆錢救助窮人，可是他從不舉行捐贈儀式，更不讓窮人們知道他的名字。有朋友問及理由，他說：「我始終記得許多年前，有一位富人、有很多人，小心地維繫了一個四歲男孩的自尊。」

　　稻穗結得越飽滿，越會往下垂，人難免有得意或失意的時候，得意時如果看高自己而看低別人，只會埋沒自己，而失敗時若看不起自己顯然是精神上的放棄。失敗是認識自己最好的機會，職場上，失敗常有，但不能喪志；成功反而少有，更不

能驕傲，往往一個人失敗時的狀態，才是決定一個人能否成功的關鍵。

3. 姿態要低調

在職場低調地做人是一種進可攻、退可守，看似平淡，實則高深的人際謀略。其實，低調是一種謙卑的修為，而謙卑卻是一種難得的智慧，我們應該在低調中修練自己，在謙卑中與人同行。當你取得成績時，一定要感謝他人，與人分享，並要謙卑，好讓他人「吃下」一顆定心丸。面對別人的讚許和恭賀，應謙和有禮、虛心接受，這樣才會贏得別人的尊重，維持和諧良好的人際關係。

4. 言辭要低調

不要揭人傷疤，不要拿別人的缺點開玩笑，講話要有分寸，不要傷害他人自尊，禮讓不是人際關係上的怯懦，而是把無謂的攻擊降為零。得意而不要忘形，而且態度要更加謙卑，這樣才會贏得朋友們的尊敬。

5. 不爭權奪利

職場不是角鬥場，在職場爭權奪利只會浪費時間，等於慢性自殺。沒有人喜歡和爭權奪利的人交往，權力和金錢是透過勤奮的付出和能力的展現產生的，需要合理、公平、公正分配才會得到尊重，爭權奪利只會讓你變得更加讓人生厭，失去機會，失去朋友。

6. 別讓情緒控制你

古波斯詩人薩迪 (Moshlefoddin Mosaleh) 說過：「事業常成於堅忍，毀於急躁。」可以說，縱觀世界，大凡有所成就的人，其性格情緒都是非常鮮明而穩定的。弱者任情緒控制行為，強者讓行為控制情緒。只有積極主動地控制自己的情緒，才能掌握自己的命運！失控的情緒就像決堤的洪水那樣淹沒人的理智，讓人做出不可思議的蠢事。

7. 己所不欲，勿施於人

自己做不到，便不能要求別人去做到，自己不喜歡他人對待自己的言行，就不要以那種言行對待他人。自己不想要的，不要施加在別人的身上。你要求別人做什麼時，首先自己本身也願意這樣做。每個人的性格、習慣、興趣都不一樣，也都不喜歡被別人強加。

8. 擇友要嚴，待人要寬

擇友圈決定事業圈，勿交損友，否則吃不了兜著走，好的朋友成就你，不好的朋友則會毀了你。待人一定要寬，寬人則是度人，度人則人會記恩於你，記恩於你則會給你機會，機會往往是這樣來的。在這個世界上誰都會犯錯，不要抓住別人的錯誤不放，放過別人等於寬恕自己。

成就個人品牌的 8 個要素

　　成功人士或者說優秀人士的人生基本上都是品牌人生，一個人真正的成功在於他的品牌成功，品牌塑造能力其實就是自己經營自己的能力。

　　美國管理學者華德士提出：「21 世紀的工作生存法則就是建立個人品牌，它能讓你的名字變成錢。」建立個人品牌談何容易，這需要一個漫長而嚴謹的過程。在激烈的職場競爭中，怎樣讓同行欣賞你、老闆賞識你、優質的合作夥伴信任你、上司重用你？其實這和你的職場個人品牌有很大的關係。個人品牌的塑造能力，就是你在你的受眾群體中留下的深刻印象，並且能夠讓你的目標受眾快速識別的一種能力。建立和塑造職場個人品牌是一項攻堅戰，一定要做到以下 8 點：

要素 1. 有原則

　　你必須是一個特別堅持原則的人，你堅持的不是別的東西，而是你自己的價值觀。價值觀會影響你的一言一行，也就是說，當人們看到你的行為時，他們就會判斷你行為背後的原因，並且這些判斷成為他們對你的印象。如果他們看到你是一個堅持原則的人，久而久之就會在你的受眾群體中留下深刻的印象，並且還會在受眾群體中傳開。這些理念和價值觀就是你的真實寫照。

要素 2. 被識別

你必須有一處或幾處地方和其他人不一樣，具有明顯的區別。例如，你的穿著習慣：你經常會在公司正式場合穿一套正式款的西裝，帶正式的手錶，打領帶，穿皮鞋。在公司非正式場合穿一套休閒款的上衣，穿休閒鞋……再比如，吃東西的習慣：在公司會餐的時候，大家知道了你不吃什麼肉，從此你無論在任何場合，大家都知道你不吃什麼肉……還比如：你每天上班是提前幾分鐘到公司……你的車總是停在某處……

這一點不能強調得太過分，因為出色的個人品牌不是修飾或塗抹一種令人更愉悅的表象。

要素 3. 能持久

你所做的事業或者工作一定具有永續性，不能經常換工作或職業，因為個人品牌塑造實際上是一個累積的過程，人們往往很容易記住一輩子只做一件事情的人，卻會淡忘那些「三天打魚，兩天晒網」的人，即便是記住，也會是記住了他令人反感的一面。

要素 4. 要誠信

沒有人願意和一個不誠信的人交往，就更別說同事了。孟子曰：「誠者，天之道也；思誠者，人之道也。」「誠」是儒家為人之道的中心思想，我們立身處世，當以誠信為本。誠信是道德範疇，是一個人的第二「身分證」。主要展現在：待人

處事要真誠不能撒謊，承諾別人的事情一定要做到，做任何事情要講信譽，言必信、行必果，一言九鼎，一諾千金。要做實事，要勇於反對虛偽。

誠信是一種人人必備的優良品格，關公關雲長能夠讓世人傳頌這麼多年，就是對「誠信」這個優良品格最好的詮釋和展現。

要素 5. 有能力

你必須是一個有能力的人，現代職場如果沒有能力將寸步難行，如果沒有能力就沒有發展機會，沒有發展就更別談個人的品牌塑造了。可見，能力是塑造個人品牌的基礎。

要素 6. 負責任

責任是智力和境界的象徵，勇於承擔責任的人自然受到眾人的尊重，責任是個人品牌根基，天下興亡，匹夫有責，責任二字重千金。世界上有許多事情必須做，但你不一定喜歡做，這就是責任的涵義。回顧歷史，我們記住的人物大多都是承擔責任的人。

要素 7. 有修養

一個人只有具有良好的個人修養，才會被人們所尊重，誰會記住一個不受尊重的人呢？有修養的人具有高尚的品格和正確的待人處世態度，有一顆不斷進取的心，有著完善的人格，

任何言行合乎規矩、得體並且思想、理論、知識、藝術等方面都有一定的水準。在職場上遇到有修養的人會讓你瞬間對他肅然起敬，修養是塑造個人品牌的靈魂。

要素 8. 會傳播

傳播是塑造個人品牌的手段，談到品牌就必須談到傳播。

個人品牌的塑造，其實就是以自己的價值觀作為影響受眾群體的支點，讓你的行為使你的受眾群體產生深刻的印象，你一旦塑造了個人品牌，將一輩子受益無窮！

一個有專長、有能力的人，如果人際關係處理不善，仍然無法擁有美好的人生。一個有才華的人，必須靠良好的人際關係來幫助他開花結果。有些人常抱怨自己的能力不夠，有些人總感覺老闆不重用他，這些人一直在職場上萎靡不振，其實，真正的原因可能不是因為他的能力不夠，而是因為他沒有把人際關係處理好。

從刺蝟法則看與上司的安全距離

說到和上司的安全距離，這裡面可是大有學問，上級是中心人物，站在圓心的位置上；下屬是邊緣人物，站在圓周的位置上。和上司離得太近很容易傷到自己，但離得太遠又容易失去很多機會。

關於上下級之間的關係有一個刺蝟法則。提出這個法則的靈感來源於「刺蝟效應」。這個效應出自西方的一個寓言，說

的是冬天到了，兩隻小刺蝟依偎在一起取暖。如果離得太近，各自的刺會刺向對方，彼此都會鮮血淋漓，後來牠們就調整了姿勢，相互拉開了距離取暖，這樣溫暖自己的同時也保護了彼此。

在職場，如果與上司的距離太近，會顯得你過分獻殷勤，這樣在同事心中，你是一個善於恭維、奉承的人。同事之間存在業務競爭關係，你這樣做，明顯帶有功利的目的，身邊的同事會對你冷眼，疏遠你，孤立你。但如果離得太遠，就會被上級忽視。如果上級有什麼重大的任務，也分派不到你的頭上，這樣就沒有表現自己的機會，更不用說成功晉升了。總之，與上級要保持一定的距離，保持一種不遠不近的恰當合作關係。有一古話「疏者密之，密者疏之」，唯有這樣，才能踏上成功之道。

識人密碼你掌握了嗎？

美國著名心理學家艾伯特‧梅赫拉比安（Albert Mehrabian）曾提出過一個公式：

資訊交流的結果＝ 7％的語言 +38％的語調語速 +55％的表情和動作

與人相處，我們往往過於注重「語言」的真實性，而忽略了「身體語言」透露出的弦外之音，要知道肢體語言是世界上最真實的語言。

在職場的每個人為了升職拿高薪，或者得到更多更好的發展機會，無時無刻不在刻意地偽裝自己，偽裝一個虛假的自己，穿梭在職場中，我們總是被這些「偽裝的面具」所迷惑，從而忽略了面具背後真實的「模樣」。

職場裡這些戴著面具的雙重達人，既是我們工作中不可或缺的合作夥伴，又是我們應時刻留心的競爭對手。為了在這個人際關係錯綜複雜的職場中永遠立於不敗之地，掌握一套實用的職場閱人術顯得極為重要。以下是我個人在近 20 年的職場生涯中總結的一套既實用又易學的職場閱人術，供大家參考。

1. 閱眼眉

眼睛是人類心靈的窗戶，在職場中即使你是經驗豐富的「偽裝大師」，也會無意間從你的眼睛裡洩露出隱藏在你內心的「小祕密」。眉毛是人的五官中很容易被忽略的一個部位，即使在眉毛不動的狀態下，也能在一定程度上反映出一個人的性格特徵。

眼睛中瞳孔的放大和收縮，能夠反映一個人對所看到的人或物體的真實想法，當任何人看到比較吃驚的場景時，眼睛就會迅速睜大，瞳孔也會有明顯放大的跡象。這時候無論對方再怎麼掩飾，也無法逃脫你的觀察，而你只需盯著看眼球的變化即可。

眨眼的次數不同，反映的情緒也不同。通常眨眼是一個人

在積極情緒狀態下的表現，眨眼的動作很快也很容易被人忽略。其實，當人們感到興奮、緊張或者壓力的時候，眼睛眨動的頻率就會自然加快，當情緒被控制之後，眨眼的頻率也會自然地放慢或者停止，恢復到原有的狀態。

而有些時候一連串地眨眼，是思考問題的心理表現，很沉著的眨眼是一種設好圈套的等待，此時你就需要注意了。如果有連續幾次地眨眼配合著嘴角的微笑，你要小心接下來可能會有惡作劇！沒有規律地眨眼並且眼神盯住一個物體時，說明這個人的內心在掙扎。

愛說謊話的人通常會用沒有力度、多變和飄渺的眼神來應付你，當然有時候撒謊的人眼睛也會變大，但不是瞳孔變大，這時他或她的白眼球會變大或者刻意用力，當然這種用力只是一種掩飾。如果一個人在說話的時候，眼神方向總是在變化，其實也是心虛和擔心被識破的表現。如果一個人在一開始講話時第一個目光就落在你的眼睛上，或者一直直視你的眼睛，也請你千萬不要忽略，這是撒謊的開始。

眼睛上方的眉毛，同樣能帶來一些真實反映。眉毛是一個非常容易被忽視的器官，拱眉的人一般心態好，對自己的自信心較強，性格豪放，待人熱情；而倒拱眉的人通常比較消極，性格懦弱甚至還有些自卑。

眉毛比較直的男性一般性格剛毅，做事積極，但不善於拐彎抹角，大多喜歡直來直去，但脾氣會比較暴躁。而彎眉的人

通常幻想多，遇事比較靈活，若男性彎眉，性格會接近女性化一些。

眉毛粗的人一般精力較為充沛，心態積極，做事有板有眼。眉毛比較細的人一般做事情柔和，經常猶豫不決，性格與粗眉的人相比，較為圓通但心態消極；眉毛長的人一般喜歡爭強好鬥；眉毛短的人一般習慣以自我為中心，性格倔強；眉毛長短適中的人，一般比較溫和，寬宏大量。眉毛濃的人一般性情剛強，直來直去，喜歡支配他人，精力充沛，咄咄逼人。淡眉毛的人一般做事謹慎保守，缺乏魄力，但做事不爭不搶，比較踏實，等等。

2. 閱腿腳

在人的整個身體中，腿和腳是人們最早反應的身體部位，而且是最真實的。儘管在職場中有大部分同事用衣服和鞋子遮住了腿和腳，但是依舊能夠很準確地傳遞出人們內心的真實想法、感覺和感情。

大踏步走路、步伐有彈性、手臂前後擺動的人，這時的心情比較舒暢；相反，拖腳走路、步伐很小、雙肩垂下或低著頭走路的人，心情是比較糟糕的。

一般人坐著的時候，只坐凳子或椅子沙發的 30％ 面積、兩腳和腿同時併攏、身體前傾、腳掌完全著地的人是比較真誠的，謙虛的；坐著喜歡撬二郎腿的人，對自己比較有信心，做

事情靈活，處事圓滑灑脫；如果坐著的時候腳尖併攏但腳後跟分開，一般說明對聽到的事情或者將要做的事情沒有把握，還沒有想出很好的解決辦法，猶豫不決；如果一個人在坐著的時候不停地抖動腿腳，一般說明這個時候的他在想著與自己有關的事情。

　　站立時，男性通常喜歡把雙腳張開呈八字狀，則說明這個人的性格是比較開朗的、自信的、真誠的；如果是女性，則表示暫時不想離開現在的場合。站立時，是方正姿勢或者比較規矩的姿勢，如立正等，則表示出對對方的尊重或自己的緊張、內疚。站立時，如果喜歡把一隻腳指向一個方向或者腳尖指向某一個方向，則表明對被指方向的人或事物產生極大的興趣甚至是喜歡。如果是在交談過程中，有一隻腳朝另一個方向呈出發狀態，則表示對方已經打算離開或結束這場對話了。

3. 閱嘴鼻

　　嘴是一個很忙碌的器官，有大小和上下之分。通常喜歡摀嘴巴的人、愛咬自己嘴唇的人、嘴角上挑的人、愛撇嘴的人有著不一樣的心理特徵。

　　通常喜歡咬嘴唇的人具有很強的分析能力，或者說明此時正在思考、回憶尋找解決方案；喜歡用手摀住嘴的人，是一種比較害羞的表現，也是一種不小心的表現，如果是習慣性動作，則說明此人會用此種習慣來掩飾自己的很多想法，對周圍

的人有防備心理；喜歡咬牙同時兩片嘴唇略有分開是一種倔強的表現，喜歡把嘴抿在一起的人比較堅強，但也比較頑固；嘴角喜歡上挑的人是情商比較高的人，心態比較好的人，這類人往往能言善辯，巧言巧語很受大家的歡迎，是職場中典型的樂觀派。

鼻子是一個靜態器官，動作很少，喜歡講話時聳鼻子的人是有些不自信的表現；如果用手摀鼻子是一種特別反感某一種行為的表現；通常一個人在憤怒的時候鼻子會變大，鼻子冒汗是一種焦慮和急躁的表現。

4. 閱頭手

頭部是人體十分重要的部分，也是人們表達內心世界最直白的部位。而手是人體最靈活的一個部位，它可以感受、衡量和改造我們周圍的世界，還可以透過各種手勢反映情緒的變化，表達內心真實的想法。

通常頭昂得很高的人，是很高傲的；把頭放得很低的人，是比較自卑的；經常把頭歪向一邊的人，是依賴性比較強的人。當一個人在和對方講話的時候，不由自主地把頭歪向對方的時候，是在傳遞一種表示同意或順從的態度，點頭則表示認同對方的觀點，搖頭則表示否定或不同意對方的看法。

手是一個比較敏感的部位，通常當一個人情緒極不穩定的時候，手會不停地加大頻率的抖動，如果一個人十指交叉緊扣

則表示壓力比較大，如果一個人的食指喜歡摸鼻子，中指食指無名指一起撓頭髮等則說明是一種很不自信的表現，單獨豎起拇指表示非常敬佩，單獨豎起小拇指則是鄙視和不滿的表現。

5. 閱說話

說話方式反映一個人的內心活動。如何透過同事的說話方式或者透過和同事談話，挖掘同事的言行？如何透過同事的行為方式來判斷他的性格特徵？

說話是一個人的語言習慣，能說會道的人往往性格比較開朗，處事較為靈活，反應能力較快，適應能力較強；滿口時尚詞語的人，性格較為柔弱，是一種不自信的掩飾，遇到挫折和困難會選擇後退或逃避；說話嚴肅的人，性格比較內斂，做事較為謹慎，向來公私分明言行一致，做任何事情都有自己的原則和立場；喜歡用語言攻擊對方的人，是外表強大內心脆弱的人；說話的語氣比較和藹的人，性格也比較溫順，不喜歡爭強好鬥，對職場權力和金錢較為淡泊，也不喜歡招惹是非，但是做事缺乏客觀性，往往是隨風倒，優柔寡斷膽小怕事。

喜歡談論自己家人、自己經歷的人，性格是比較外向的，凡是以自我為中心，善於表現，富有熱情；喜歡議論別人的人，通常心胸比較狹窄，凡事斤斤計較，很容易誤解別人；往往說話邏輯很差的人思維邏輯也比較差。

文字表達能力

　　文字表達能力是職場人必備的一項基本技能，一個優秀的職場達人不僅需要過硬的專業知識，而且需要良好的文字表達能力。如果說你的專業能力是「武」，那麼你的文字表達能力就是「文」。

　　文字表達能力是將自己的實踐經驗和決策思路，運用文字表達的方式，使其系統化、科學化、條理化的一種能力。古今中外，傑出的人才都具有優秀的文字表達能力，可見文字表達能力的重要性，那麼如何提高自己的文字表達能力呢？請參照以下 7 項建議：

建議一，多讀

　　高爾基說：「書籍是人類進步的階梯。」常言道，「書中自有黃金屋，書中自有顏如玉。」可見，讀書的重要性。其實，讀書最大的好處在於它讓求知的人從中獲知，讓無知的人變得博學。

　　讀書不僅可以幫助我們提高修養、增長知識、開闊視野、陶冶情操，還可以快速提升我們的文字表達能力。讀是寫的基礎，就如同蓋房子一樣，基礎打得越深、越堅實，房子才能蓋得越高、越大。讀和寫是相輔相成的，只讀不寫是不行的，其結果是眼高手低。

建議二，多看

看行為，看趨勢，看臉色，看進度，看結果等，看即觀察。

建議三，多聽

聽報告，聽講座，聽新聞，聽勸告，聽指示等。

建議四，多思考

思考國家政策，思考行業前景，思考自己的未來，思考為人處事的方法等。

建議五，多總結

總結得失，總結優劣，總結好壞，總結自己，總結對手，總結上司，總結規律，總結成功人士的經驗，總結優秀人員的做事方法等。

建議六，多寫

寫感想，寫計畫，寫日記等。

建議七，多講

自我介紹，公司介紹，行業介紹，價值觀介紹，會議發言，個人演講，論壇討論，觀點辯論等。

槓桿 11
神奇的機會

機會稍縱即逝

蕭伯納（George Bernard Shaw）曾說：「在這個世界上，取得成功的人是那些努力尋找他們想要的機會的人，如果找不到機會，他們就去創造機會。」對人生而言，奮鬥固然重要，但能否抓住機遇依舊是關鍵，正所謂「時勢造英雄」。機會對每個人來說都是公平的，有些人抓住了，有些人錯過了；有些人知道從哪裡找機會，有些人卻四處瞎找；有些人不斷創造機會，有些人苦苦等待……但是，懂得怎樣創造機遇並且牢牢把握機遇的人，往往是成功的。

一次機會能扭轉一個人的人生走向，機會在成功中具有舉足輕重的作用。機會又像是一個蒙著面紗的女人，你必須要知道如何尋找她、追求她、等待她，知道投其所好，先於他人，窮追不捨，才能最終俘獲她的芳心。

機會是人生長河中最美的一瞬間，機會對每一個人都是平等的。無論是過去、現在還是將來，最有希望的成功者，往往並不是那些才能最出眾的人，而是善於抓住機會、創造機會的人。變化的世界既向人們提出挑戰，同時又提供了機會。機會的重要性對每個人來說不言而喻，每個人都在尋找屬於自己的

機會，可究竟什麼是機會呢？甚至當機會來敲門時我們卻渾然不知。

小明和爺爺去捕鳥，爺爺教小明用一種捕鳥機，它像一隻箱子，用木棍支起，木棍上繫著繩子，繩子一直接到小明藏身的灌木叢中。只要小鳥受撒下的米粒的誘惑，一路啄食，就會進入箱子。而這時只要小明一拉繩子就大功告成。小明支好箱子，藏起不久，就飛來一群小鳥，共有幾十隻。大概是餓久了，不一會兒就有 6 隻小鳥跳進了箱子。

小明正要拉繩子，又覺得還有 3 隻也會進去的，便決定再等等。可等了一會兒，那 3 隻小鳥非但沒有進去，反而又跳出來 3 隻。小明後悔了，對自己說，哪怕再有一隻走進去就拉繩子，卻又有 2 隻走了出來。如果這時拉繩，還能套住 1 隻，但小明對失去的好運不甘心，心想，總該有些要回去吧。終於，連最後那 1 隻也跳了出來。小明最終連 1 隻小鳥也沒能捕捉到，卻捕捉到了一個受益終生的道理：機會稍縱即逝，一定要牢牢抓住。

有人說：「機會就像是小偷，來的時候悄無聲息，去的時候卻讓你損失慘重。」機會存在於平凡的小事之中，工作和機會是統一的，它們之間既無法分割又緊密連繫。只要把宏偉的目標、腳踏實地的工作態度緊密連繫起來，機會一定會來到你的身邊。抓住機會，正確把握機會。機會只為有準備的人而生，成功只為有心的人而來。

時勢造英雄

機會有以下 3 個方面的性質：隨時性、瞬間性和隱蔽性。

性質 1：隨時性

機會什麼時候出現是難以預測的，機會隨時都可能出現，也有可能在你剛擁有一個機會後，又出現比前一個更好的機會，奇怪的是當你放棄了第一個機會後，第二個機會也會隨之消失了；有時候機會就像事先商量好一樣，不來的時候都不來，一來的時候一起來。

無論機會用什麼方式來，絕大部分人未必能在機會來臨的第一時間準確地判斷出它的有利性，所以，有人能抓住機會，而有人卻抓不住機會。一個人的成功有時純屬偶然，可是，誰又敢說，那不是一種必然？嚴格地說，機會從來都是只出現一次，第 2 次出現的機會不可能和第 1 次一樣。

性質 2：瞬間性

機會的時效性特別強，長則半輩子，短則稍縱即逝。應該說，最不容易得到而又最容易從指縫中溜走的就是機會。大到一個民族的復興，小到個人命運攸關的抉擇，機會有很強的時效性，正所謂：「機不可失，失不再來。」錯過，機會可能就不再是機會了。

法國著名幻想小說家凡爾納（Jules Gabriel Verne）18 歲的時候在巴黎學習法律。一次偶然的機會，他有幸參加上流人士

的晚會，正當他從樓上向下走時，忽然童心萌發，像個孩子一樣從樓梯扶手向下滑，結果撞到一個人身上，被撞的這個人就是大仲馬，二人在相撞中相識，在凡爾納的創作路上，大仲馬給予了他很多幫助，他們成為很好的朋友。大家想想，這種機會來得怎麼這麼巧？早一分鐘晚一分鐘撞上就不叫機會了。很顯然，凡爾納抓住了這次難得的機會，最終凡爾納成為法國的「科幻小說之父」。

正所謂，抓住一個機會幾乎可以與世界同步。弱者坐失良機，強者創造時機。可見，不會創造機會根本就沒有機會。

性質 3：隱蔽性

如果錯過一次機會，便錯過了一次幸運。不想錯失良機，最好的辦法就是練就一身本領，做好準備等待。一個人在職場必須有自己立身的資本，這個資本就是專業能力。例如，一個不懂財務的人成為公司財務總監的可能性很小。不讓機會錯過，不僅要敢想，還要敢做。機會對大多數人都是平等的，同樣的事情擺在面前，有人視而不見，有人則將之變成了機會。我們生活的這個時代，機會與挑戰並存。真正的失敗只有一種，就是你輕易地放棄機會。所有的困難、挫折、委屈裡都潛伏著許多的機會，而這些機會需要你不斷去創造、爭取、挑戰……

如果再給你一次機會

　　幾個學生向蘇格拉底（Socrates）請教人生的真諦。蘇格拉底把他們帶到果林邊。「你們各自順著一排果樹，從林子這頭走到那頭，每人摘一枚自己認為最大最好的果子。不許走回頭路，不許作第 2 次選擇。」蘇格拉底吩咐說。

　　學生們出發了，他們十分認真地進行選擇。等他們到達果林的另一端時，蘇格拉底已在那裡等候著他們。「你們是否都選擇到自己滿意的果子了？」蘇格拉底問。

　　「老師，讓我再選擇一次吧！」一個學生請求說，「我走進果林時，就發現一個很大很好的果子，但是我還想找一個更大更好的。當我走到林子的盡頭後，才發現第 1 次看見的那枚果子就是最大最好的。」

　　其他學生也請求再選擇一次。蘇格拉底堅定地搖了搖頭說：「孩子們，沒有第 2 次選擇，人生就是如此。」

　　在人生的行程中，也有這樣的果林，也有多如繁星的果子。這樣的果林名叫「生活」，這樣的果子名叫「機會」。失敗者說：「請再給我一次採摘果子的機會。」但是，「機會」已經沒有了，因為走過果林的機會只有一次。這就是機會，冷酷而公平的機會！

　　機會似乎會在出現前透露一些徵兆，或許你還沒有做好準備，面對這種情況，會有 2 種不同的選擇。第 1 種選擇，即迅速整合一切能整合的資源，儘自己最大的努力彌補準備不足的

地方，全力以赴爭取到這次難得的機會；第 2 種選擇，即下次還會有機會，這次的機會不屬於我。如果是後者，那就太遺憾了，機會只有在全力以赴爭取之後，才知道是不是屬於自己，如果輕易放棄，則獲得成功的機率倍減。

有些機會你錯過一回，就錯過了一輩子。因為，這樣的機會或許在你的人生之中只有一次，而這僅有的一次你卻錯過了。成功靠能力，成事靠機會，機會無處不在，成功在向你招手，機會就在眼前。

獲得機會的 8 個途徑

途徑 1：用創新贏得機會

人人都知道創新的重要性，但做起來卻非常困難。有這樣一個有趣的故事。一個教授給企業家們出了一道題，在沒有支撐的情況下，如何讓一顆煮熟的雞蛋在桌子上立起來？企業家們一個接一個地到講臺上試驗，但沒有一個人能夠把橢圓形的雞蛋立在桌子上。

最後，教授拿起雞蛋在桌子上輕輕一磕，蛋殼凹了下去，接著從容地把雞蛋立在了桌子上。這時企業家們才恍然大悟，並為自己的固步自封感到羞愧。

其實，每個人潛意識裡都給自己畫了一個框，認為雞蛋是不能被打破的，這就給自己上了一道枷鎖。當我們解開思想的枷鎖，突破固有思維後，就會發現原來有些事並不像我們想像

的那樣難。我們可以做個假設，如果你是第一個把熟雞蛋在桌子上輕輕一磕的那個人，你是不是會贏得很多人的欣賞，你的機會是不是會比其他人多一些，機會往往和創新成正比，也就是說：創新越多，你的機會也越多。創新需要勇於探索，勇於付出代價，如果瞻前顧後、因循守日，是永遠不會有創新的。然而創新是要冒風險的，既有可能成功，也有可能失敗，在成功與失敗之間就是機會滋生的地方。

途徑 2：用「準備」迎接機會

「萬事俱備，只欠東風」，出自《三國演義》四十九回，原文為：孔明索紙筆，屏退左右，密書十六字日：「欲破曹公，宜用火攻，萬事俱備，只欠東風。」

原意是周瑜定計火攻曹操，做好了一切準備，忽然想起如果不颳東風則無法勝敵。後以此比喻一切準備工作都做好了，只差最後一個重要條件。這裡說的最後一個重要的條件指的就是「機會」。職場人往往會犯同樣一個錯誤：「萬事沒有具備，卻仍然在死等機會。」像這種情況最終的結果只是一場空。俗話說，「機會只給有準備的人。」看來，職場人在等待機會之前要做許多準備工作。只有你的準備工作做好了，「東風」颳來了才會發揮作用，否則，就算「東風」來了也是一場空。

還有一個故事。一個年輕人愛上了財主家的女兒，便上門去求親。

財主說：「我家有 9 頭牛，明天早上我開啟牛欄的門，9 頭牛會陸續從牛欄裡走出來，只要你能抓住其中一頭牛的尾巴，我就答應把女兒許配給你。」年輕人很自信地說：「你可要說話算數。」財主說：「我一向說話算話。」

第二天早上，年輕人按時守在牛欄門口，見第一頭走出來的牛過於高大，而第二頭牛又過於強壯，第三頭牛又太威猛……

年輕人遲遲不敢上前去抓，心想，等下一頭再說。在等待觀望中，一頭又一頭牛從他的眼皮子底下走過。等到第 9 頭牛出來，剛好是頭小牛，年輕人喜出望外，伸手便去抓牛的尾巴，可卻抓了個空，原來這頭小牛沒有尾巴。

年輕人之所以沒有抓住牛尾巴，因為自己盲目自信，心想，有 9 頭牛，怎麼都能抓住一條吧！由於輕視了這件事情，提前也沒有做任何嘗試和準備。可見準備很重要。如果沒有準備，就算財主給他更多的機會，也一樣會錯失良機。

途經 3：把危機轉換成機會

有危機就有好轉的可能，就可以把危機轉換成機會，一場危機弄不好是一場災難，相反，如果處理好就是一次機會。

美特斯·邦威的迅速崛起，在於抓住了服裝業的核心競爭力，那就是品牌，然後透過品牌控制上下游，這種策略用周成建的話說就是兩招，這兩招就是：「借雞生蛋」（定牌生產）

和「借網捕魚」（特許連鎖經營）。正因為如此，成功控制了「大而全」帶來的投入風險，因為這種投入都是高負債式的投入，一旦宏觀生變，風險便無法控制。創立品牌，並透過品牌控制上下游，這是商業模式的高境界，很多人想做而沒有做成，周成建成功了，這就是周成建的商業智慧。

　　沒有第 1 次失敗就沒有第 2 次失誤中的急中生智，沒有因錯而成的機緣，美特斯・邦威的成功就不會來得這麼快，周成建人生的 3 個階段看似關聯不大，細想之後就會發現這是一個創業者到企業家的人生三重修。正所謂：「危機也是轉機」，周成建深陷危機之中卻又化危機為機遇，不但成就了自己，也成就了一個品牌。

途徑 4：用忠誠贏得機會

　　說起「鞠躬盡瘁，死而後已」，人們馬上會想到諸葛亮，從白帝城託孤到南征北戰，從赤壁之戰到病逝五丈原，深刻地記錄了諸葛亮對主君的忠誠，同時諸葛亮也得到了劉備的信任。可見，信任來自於忠誠，忠誠勝於能力，忠誠大於感性。忠誠代表沒有二心，在你犯錯之後，組織給你「量刑」的關鍵時刻，忠誠便成了「免死金牌」，忠誠可以讓上司有足夠的成就感和安全感，因為你的忠誠可以成為上司的支持者。機會來自於忠誠於個人或組織後的信任。

　　歐洲金球獎得主阿根廷人梅西（Messi）在 11 歲時，被診

斷患有生長激素缺乏症，家裡的經濟條件難以負荷他的治療費用，因此全家移民西班牙尋求解決之道。可這樣的身體條件沒有阻擋梅西熱愛足球，9 年之後他成為世界足壇巨人。如果他當初「理智」地看待自身條件，世界足壇就沒有了「梅西的神話」。梅西經常說：「我忠於足球，無論發生任何事情我都要一直踢下去。」

途徑 5：用互助換取機會

　　職場中互相尊重、互相信任是一種職業化的表現，互助是現代職場行為的一項基本需求，互助是相互依賴、相互依存的具體表現。互助互賴可以實現「1+1>2」的共贏法則。互助就是優勢互補，最終走向共贏，走向團結的象徵。互助之後的 2 個人就成為 1 個人，互助之後 1 個團隊就成了 1 個人，互助之後機會共享，你的機會也會成為我的機會，團隊機會也會成為個人機會。

　　有一位射擊運動員在訓練的時候總是和教練不合拍，教練每天給他 10 發子彈進行訓練，他嫌少，教練給他 30 發子彈，他總是漫不經心，還沒對準靶心就隨意地發射，結果射擊成績一直沒有起色。後來，教練發現這個運動員近期遇到了一些訓練以外的麻煩，便及時地給予幫助。隨後這名運動員改變了訓練的態度，不論每天教練給多少發子彈，如果沒有射準靶心，就不離開訓練場。經過一段時間的訓練，他的射擊成績突

飛猛進，還贏得了參加奧運會的機會。在奧運會上，他獲得了金牌，成為奧運會射擊冠軍。他的教練隨之成為了一名世界級教練。

途徑 6：用智慧創造機會

《鳥類世界》一書中記載，有一種海鳥能飛越太平洋，靠的僅是一小截樹枝。飛行時，牠把樹枝銜在嘴裡，累了，牠把樹枝放在水裡，站在上面休息一會兒；餓了，牠就站在樹枝上捕食；睏了，就站在樹枝上睡覺。試想一下，如果牠帶上鳥巢和足夠的食物，牠還能飛得動、飛得遠嗎？同樣，成功也不能一味苛求條件，如果一味苛求條件，再好的條件也可能成為捆綁在翅膀上的黃金，反而會拖累前進的步伐。有人說：「捨得是一種智慧。」我們的生活和工作似乎就是無數次「捨與得」的選擇，但在這無數次的選擇中似乎都蘊藏著諸多的機會，智者抓住機會，庸者等待機會。

途徑 7：用堅守等待機會

唐顯慶六年，長安玉華寺來了一位小沙彌，初來乍到，他被安排每天在寺內掃地打雜。這個聰明能幹的小沙彌把院地打掃得一塵不染，什麼雜務活在他手裡，一會兒工夫就能做好。但小沙彌的理想是成為一位得道高僧，於是在玉華寺裡待的時間越長，他覺得距人生目標越遠。一天，小沙彌決定離開玉華寺，到香火興旺的西明寺去實現他的人生目標。臨行前，玉華

寺的住持讓他再去給後院禪房裡的老僧送一次茶水。回來後，住持問：「你去時，那位老僧在幹什麼？」小沙彌說：「在埋頭看經書。」住持又問：「你怎麼看待那位老和尚？」小沙彌實話實說：「一個不愛說話，又有些不修邊幅的老僧。」住持捋著鬍鬚笑了，說：「他就是三藏大師啊。」「啊？」小沙彌驚叫起來，他心想：原來那位貌似普通的大和尚就是名震五印的三藏大師啊，我每天都在他身邊轉來轉去，就是在真佛身邊啊！身邊的這個人太寧靜了，寧靜得被小沙彌忽視了，小沙彌的雙眼卻被西明寺沸沸揚揚的香火所吸引。

途徑 8：用挑戰把握機會

用友軟體股份有限公司董事長兼執行長王文京說，「用友面臨的挑戰主要有兩個：一是來自創新轉型方面，一是來自人才競爭方面。」「雖然是挑戰，但挑戰中含有機會。許多企業都在轉型升級，政府也在向精緻服務轉型，這些給正在轉型中的用友帶來了新的市場機會。」就像歷史上的猶太民族，在喪失了生存家園、遭受了滅頂之災後，他們漂泊在世界各地，寄人籬下，反而強化了他們的生存能力。沒有國土，他們有智慧；沒有工廠，他們有發明創造。按人口比例計算，世界上沒有哪個民族像猶太民族那樣出現如此多的教授、專家和學者。可見，有挑戰就有機會，職場中有很多的挑戰，你能把握住嗎？

電子書購買

爽讀 APP

國家圖書館出版品預行編目資料

槓桿優勢，打破職場平衡：知識產能 × 自我定位 × 向上管理 × 日常習慣，11 個隱形支點 +11 個槓桿技巧，不用舉起地球，只要舉起你整個人生！ / 蔣巍巍 著 . -- 第一版 . -- 臺北市：財經錢線文化事業有限公司 , 2024.01
面；　公分
POD 版
ISBN 978-957-680-726-8(平裝)
1.CST: 職場成功法
494.35　　112022294

槓桿優勢，打破職場平衡：知識產能 × 自我定位 × 向上管理 × 日常習慣，11 個隱形支點＋11 個槓桿技巧，不用舉起地球，只要舉起你整個人生！

臉書

作　　者：蔣巍巍
發 行 人：黃振庭
出 版 者：財經錢線文化事業有限公司
發 行 者：財經錢線文化事業有限公司
E - m a i l：sonbookservice@gmail.com
粉 絲 頁：https://www.facebook.com/sonbookss/
網　　址：https://sonbook.net/
地　　址：台北市中正區重慶南路一段六十一號八樓 815 室
Rm. 815, 8F., No.61, Sec. 1, Chongqing S. Rd., Zhongzheng Dist., Taipei City 100, Taiwan
電　　話：(02) 2370-3310　　傳　　真：(02) 2388-1990
印　　刷：京峯數位服務有限公司
律師顧問：廣華律師事務所 張珮琦律師

定　　價：320 元
發 行 日 期：2024 年 01 月第一版
◎本書以 POD 印製